国家级一流本科专业建设成果教材

化学工业出版社"十四五"普通高等教育规划教材

环境监测实验

龚正君　王东梅　黄小英　主编

化学工业出版社

·北京·

内 容 简 介

《环境监测实验》全书共分为四章：第一章为环境监测实验基础，主要介绍环境监测实验的基本要求和基础知识；第二章和第三章为基础实验，其中第二章为空气质量监测，主要介绍空气污染的基本项目监测；第三章为水质监测，主要介绍水污染的基本项目监测；第四章为综合性设计与实验，可作为拓展实验或大型实验的参考。

《环境监测实验》可作为高等学校环境科学、环境工程、化学以及化工类等专业的实验教学用书，也可供各级环境监测站、研究院的环保技术人员参考与借鉴。

图书在版编目（CIP）数据

环境监测实验 / 龚正君，王东梅，黄小英主编. —北京：化学工业出版社，2023.10
　ISBN 978-7-122-44332-8

Ⅰ.①环⋯　Ⅱ.①龚⋯ ②王⋯ ③黄⋯　Ⅲ.①环境监测–实验–高等学校–教材　Ⅳ.①X83-33

中国国家版本馆 CIP 数据核字（2023）第 200351 号

责任编辑：丁建华　　　　　　　　　　　　装帧设计：关　飞
责任校对：李雨晴

出版发行：化学工业出版社（北京市东城区青年湖南街 13 号　邮政编码 100011）
印　　刷：三河市航远印刷有限公司
装　　订：三河市宇新装订厂

787mm×1092mm　1/16　印张 10¼　字数 269 千字　2024 年 2 月北京第 1 版第 1 次印刷

购书咨询：010-64518888　　　　　　　　　　售后服务：010-64518899
网　　址：http://www.cip.com.cn

凡购买本书，如有缺损质量问题，本社销售中心负责调换。

定　价：39.00元　　　　　　　　　　　　　　版权所有　违者必究

前言

环境监测是环境管理工作中不可缺少的重要环节，而环境监测实验是环境监测理论课的重要补充。环境监测力求及时、准确、全面地反映环境现状及其发展趋势，以期为环境管理、环境规划、环境评测以及污染控制等提供科学依据。

为满足环境工程、环境科学、化学以及化工类专业教学对环境监测技术的要求，并考虑到环境污染的现状、环境监测标准的更新以及环境监测技术的发展，编者结合环境监测课程的教学基础，编写了本书。本书共四章，第一章介绍环境监测相关的玻璃器皿与试剂、实验基本操作等基础知识；第二章和第三章为基础实验，主要包括环境空气和水质量的基本项目监测，可使读者掌握典型环境污染物的测定方法，并提高动手能力；第四章为综合性设计与实验，包括物理污染监测、土壤污染监测以及应急监测计划制定等，其作为拓展实验或大型实验的参考，为培养读者综合、全面的实践能力以及团队合作精神而设置，可直接使用，也可在此基础上自行设计。需要说明的是，由于土壤污染监测涉及的前处理方法复杂、物理性污染指标常配合影响评价进行综合设计，因而一并纳入第四章综合性设计与实验。

《环境监测实验》在编写方面有以下特点：

① 本书所介绍的方法和有关技术主要来自已公布的国家标准分析方法和技术标准，并参考有关权威文献，因此监测数据具有科学性、可靠性和可比性。

② 本书内容全面、系统性强，贴近环境研究热点，兼顾不同领域，内容和形式新颖，有助于学生开拓科学视野、提升综合实践能力。

③ 本书包含实验操作基础知识，并结合当前的环境污染现状设计了相应的基础实验以及拓展性的综合性设计与实验，便于高等院校师生使用和各级环境监测站、研究院所科技人员参考借鉴。

本书为西南交通大学环境工程国家级一流本科专业的建设成果教材，由西南交通大学教材建设立项资助出版。本书由龚正君、王东梅、黄小英担任主编，陈秋梦、吕淼、龚新颖等参与了部分编写。在编写过程中，参阅了一些兄弟院校、科研院所的科研成果及已出版的环境监测专业相关教材，在此一并致谢。同时，编者也希望使用本实验教材的科学工作者提出宝贵意见并交流心得体会，做到优势互补，共同提高环境监测实验课程的教学质量。

编者

2023 年 8 月

目 录

第一章　环境监测实验基础　　1

第一节　实验常用玻璃器皿　1
一、玻璃器皿的种类　1
二、玻璃器皿的洗涤　3
三、玻璃器皿的干燥　4
四、玻璃器皿的保存　5
五、主要玻璃器皿的使用方法　5

第二节　实验用水、化学试剂与溶液　8
一、实验分析用水的制备　8
二、特殊要求用水的制备　10
三、水质的检定　11
四、化学试剂的分类与规格　12
五、标准溶液的配制与保存　12

第三节　实验基本操作　14
一、称量　14
二、加热　16
三、蒸馏　17
四、滴定　18
五、过滤　21

第四节　环境监测程序　22
一、样品采集与制备　23
二、样品预处理　28
三、样品分析方法　30
四、实验数据处理　31

参考文献　33

第二章　空气质量监测　　34

第一节　气态无机污染物质的测定　34

实验1　甲醛吸收-副玫瑰苯胺分光光度法测定二氧化硫⋯⋯⋯⋯⋯⋯⋯⋯⋯⋯⋯⋯ 34
  实验2　盐酸萘乙二胺分光光度法测定氮氧化物⋯⋯⋯⋯⋯⋯⋯⋯⋯⋯⋯⋯⋯⋯ 38
  实验3　化学发光法测定臭氧⋯⋯⋯⋯⋯⋯⋯⋯⋯⋯⋯⋯⋯⋯⋯⋯⋯⋯⋯⋯⋯⋯ 41
  实验4　非分散红外法测定一氧化碳⋯⋯⋯⋯⋯⋯⋯⋯⋯⋯⋯⋯⋯⋯⋯⋯⋯⋯⋯ 44
 第二节　气态和蒸气态有机污染物质的测定⋯⋯⋯⋯⋯⋯⋯⋯⋯⋯⋯⋯⋯⋯⋯⋯⋯⋯46
  实验5　乙酰丙酮分光光度法测定甲醛⋯⋯⋯⋯⋯⋯⋯⋯⋯⋯⋯⋯⋯⋯⋯⋯⋯⋯ 46
  实验6　活性炭吸附/二硫化碳解吸-气相色谱法测定苯系物⋯⋯⋯⋯⋯⋯⋯⋯⋯ 49
  实验7　高效液相色谱法测定多环芳烃⋯⋯⋯⋯⋯⋯⋯⋯⋯⋯⋯⋯⋯⋯⋯⋯⋯⋯ 51
  实验8　高分辨气相色谱-高分辨质谱法测定有机氯农药⋯⋯⋯⋯⋯⋯⋯⋯⋯⋯ 55
  实验9　罐采样/气相色谱-质谱法测定挥发性有机物⋯⋯⋯⋯⋯⋯⋯⋯⋯⋯⋯⋯ 61
  实验10　同位素稀释高分辨气相色谱-高分辨质谱法测定环境空气中二噁英⋯⋯ 65
 第三节　颗粒物的测定⋯⋯⋯⋯⋯⋯⋯⋯⋯⋯⋯⋯⋯⋯⋯⋯⋯⋯⋯⋯⋯⋯⋯⋯⋯⋯⋯72
  实验11　重量法测定环境空气中PM_{10}和$PM_{2.5}$⋯⋯⋯⋯⋯⋯⋯⋯⋯⋯⋯⋯⋯⋯⋯ 72
  实验12　电感耦合等离子体发射光谱法测定颗粒物中金属元素⋯⋯⋯⋯⋯⋯⋯ 74
  实验13　离子色谱法测定颗粒物中水溶性阴离子和阳离子⋯⋯⋯⋯⋯⋯⋯⋯⋯ 77
参考文献⋯⋯⋯⋯⋯⋯⋯⋯⋯⋯⋯⋯⋯⋯⋯⋯⋯⋯⋯⋯⋯⋯⋯⋯⋯⋯⋯⋯⋯⋯⋯⋯⋯⋯⋯83

第三章　水质监测　　85

 第一节　有机化合物的测定⋯⋯⋯⋯⋯⋯⋯⋯⋯⋯⋯⋯⋯⋯⋯⋯⋯⋯⋯⋯⋯⋯⋯⋯⋯85
  实验1　快速消解分光光度法测定水中的化学需氧量⋯⋯⋯⋯⋯⋯⋯⋯⋯⋯⋯ 85
  实验2　稀释与接种法测定水中五日生化需氧量⋯⋯⋯⋯⋯⋯⋯⋯⋯⋯⋯⋯⋯ 88
  实验3　非色散红外吸收法测定水中总有机碳⋯⋯⋯⋯⋯⋯⋯⋯⋯⋯⋯⋯⋯⋯ 92
  实验4　红外分光光度法测定水中石油类和动植物油类⋯⋯⋯⋯⋯⋯⋯⋯⋯⋯ 94
  实验5　4-氨基安替比林分光光度法测定水中挥发酚⋯⋯⋯⋯⋯⋯⋯⋯⋯⋯⋯ 98
 第二节　营养盐的测定⋯⋯⋯⋯⋯⋯⋯⋯⋯⋯⋯⋯⋯⋯⋯⋯⋯⋯⋯⋯⋯⋯⋯⋯⋯⋯ 101
  实验6　纳氏试剂分光光度法测定水中氨氮⋯⋯⋯⋯⋯⋯⋯⋯⋯⋯⋯⋯⋯⋯⋯ 101
  实验7　紫外分光光度法测定水中硝态氮⋯⋯⋯⋯⋯⋯⋯⋯⋯⋯⋯⋯⋯⋯⋯⋯ 103
  实验8　碱性过硫酸钾消解紫外分光光度法测定水中的总氮⋯⋯⋯⋯⋯⋯⋯⋯ 105
  实验9　钼酸铵分光光度法测定水中的总磷⋯⋯⋯⋯⋯⋯⋯⋯⋯⋯⋯⋯⋯⋯⋯ 108
 第三节　金属元素的测定⋯⋯⋯⋯⋯⋯⋯⋯⋯⋯⋯⋯⋯⋯⋯⋯⋯⋯⋯⋯⋯⋯⋯⋯⋯ 110
  实验10　二苯碳酰二肼分光光度法测定水中六价铬⋯⋯⋯⋯⋯⋯⋯⋯⋯⋯⋯ 110
  实验11　火焰原子吸收分光光度法测定水中的铁、锰、镍⋯⋯⋯⋯⋯⋯⋯⋯ 112
  实验12　冷原子吸收分光光度法测定水中的汞⋯⋯⋯⋯⋯⋯⋯⋯⋯⋯⋯⋯⋯ 114
 第四节　无机非金属污染物的测定⋯⋯⋯⋯⋯⋯⋯⋯⋯⋯⋯⋯⋯⋯⋯⋯⋯⋯⋯⋯⋯ 118
  实验13　原子荧光法测定水中的砷⋯⋯⋯⋯⋯⋯⋯⋯⋯⋯⋯⋯⋯⋯⋯⋯⋯⋯ 118

  实验14 N,N-二乙基对苯二胺分光光度法测定水中的游离氯 …………………… 120

  实验15 流动注射-分光光度法测定水中氰化物 ……………………………………… 123

  实验16 离子选择电极法测定水中氟化物 …………………………………………… 126

  实验17 亚甲基蓝分光光度法测定水中的硫化物 …………………………………… 129

 第五节 生物及急性毒性的测定 ……………………………………………………………… 132

  实验18 多管发酵法测定水中粪大肠菌群 …………………………………………… 132

  实验19 水质——物质对蚤类（大型蚤）急性毒性的测定 ……………………… 136

  实验20 发光细菌法测定水质的急性毒性 …………………………………………… 138

参考文献 …………………………………………………………………………………………… 143

第四章 综合性设计与实验 144

 实验1 汽车尾气成分监测 ……………………………………………………………… 144

 实验2 大气细颗粒物$PM_{2.5}$中多组分分析 ………………………………………… 145

 实验3 校园湖水质量评价 ……………………………………………………………… 147

 实验4 农田土壤中有机磷农药的降解与残留 ………………………………………… 148

 实验5 重金属在土壤-植物中的迁移 ………………………………………………… 151

 实验6 高铁沿线声环境监测与评价 …………………………………………………… 153

 实验7 突发性环境污染事件应急监测计划制定 ……………………………………… 155

参考文献 …………………………………………………………………………………………… 157

第一章

环境监测实验基础

第一节 实验常用玻璃器皿

一、玻璃器皿的种类

环境监测实验室所用到的玻璃器皿（玻璃仪器）种类很多，按用途大体可分为反应器类、量器类、分离类和其他。表 1-1 中介绍了环境监测实验中常用玻璃器皿的分类、名称、规格、用途及注意事项。

表 1-1 环境监测实验常用玻璃器皿

分类	名称	规格	用途及注意事项
反应器类	烧杯，锥形瓶	50mL、100mL、150mL、200mL、400mL、500mL、1000mL、2000mL等	所盛反应液体积一般不能超过其容积的 2/3，可在垫石棉网的热源上加热
反应器类	试管	12mm×150mm、15mm×100mm、30mm×200mm等（管外径×长度）	普通试管可直接加热，加热时应用试管夹夹持；试管被加热后不能骤冷，以防试管炸裂；加热时试管内液体不能超过试管体积的 1/3，以防受热时液体溅出；不需加热的反应液体一般不超过试管体积的 1/2
反应器类	三颈烧瓶	100mL、250mL、500mL、1000mL等	注入的液体不超过其容积的2/3；如果使用明火加热，应放在石棉网上加热，使其受热均匀；加热时，烧瓶外壁应无水滴；蒸馏或分馏要与胶塞、导管、冷凝器等配套使用

续表

分类	名称	规格	用途及注意事项
反应器类	蒸馏烧瓶	50mL、100mL、250mL、1000mL等	适用于各种合成反应和水蒸气蒸馏
	锥形瓶	150mL、250mL、500mL、1000mL等	锥形瓶需振荡时，瓶内所盛溶液不超过容积的1/2；若需加热锥形瓶中所盛液体时，必须垫上石棉网
	启普发生器	250mL或500mL等	用于实验室制气，装入的固体反应物的粒度较大，不适用颗粒细小的固体反应，不能加热
量器类	量筒，量杯	10mL、20mL、50mL、100mL、200mL等（规格越大，精确度越小，如10mL为0.2mL，100mL为1mL）	不能用于加热；不能量取热的液体；不能用作反应容器
	吸量管，移液管	常用移液管5mL、10mL、25mL、50mL和75mL等，吸量管1mL、2mL、5mL和10mL等；精确度均为0.01mL	不能加热；管口标"吹"字样的，使用时尖端液体必须吹出
	滴定管	常用酸式、碱式滴定管10mL、25mL、50mL和100mL等；精确度为0.01mL	不能加热及量取热的液体；酸式、碱式滴定管不能互换使用，量取溶液时应先排除滴定管尖端部分的气泡
	容量瓶	50mL、100mL、250mL、1000mL等	用于配制试剂；瓶的磨口塞配套使用，不能互换；不能加热及量取热的液体
分离类	长颈漏斗	以口径（mm）表示其大小	用于过滤；不能用火加热
	保温漏斗	以口径（mm）表示其大小	用于热过滤
	分液漏斗	50mL、100mL、150mL、250mL等	用作分离和滴加；玻璃活塞不能互换；不能加热
	布式漏斗	口径60mm、80mm、100mm、120mm、150mm、200mm、250mm、300mm等	用于抽气过滤，不能用火加热
	抽滤瓶	125mL、250mL、500mL、1000mL等	抽滤瓶与布式漏斗配合使用，漏斗所用橡皮塞要塞于抽滤瓶的1/3处，且要塞紧
	球形冷凝管	外套长度300mm、400mm、500mm、600mm、800mm、1000mm等	用于冷凝和回流；回流冷凝器要直立使用
	蒸馏头，克氏蒸馏头	标准磨口14号、19号、24号等	用于蒸馏，减压时用克氏蒸馏头
其他	干燥器	器口内径100mm、150mm、180mm、210mm、240mm、250mm、300mm、400mm等	存放易吸潮的固体、灼烧后的坩埚，热物体放入器中，待冷却后方可盖严盖子，器内中下部的带孔瓷板上方放置被干燥物，下方为硅胶类干燥剂，硅胶变色后应加热除水再用
	研钵	直径60mm、80mm、90mm、100mm等	不能用火加热，不能研磨易爆物质，视固体性质选用不同材质的研钵
	表面皿	直径5cm、6cm、7cm、8cm、9cm、12cm、15cm等	用于加热时，放在烧杯上，以防液体溅出或尘粒落入；也用于自然晾干少量晶体、与其他容器组成气室或称量等；不能直接用火加热
	点滴板	6孔、9孔、12孔等	用于定性沉淀实验等，不能加热
	接引管，二叉接引管	标准磨口19号、24号等	引导馏液接收用，二叉接引管在减压中作接引用

二、玻璃器皿的洗涤

在分析工作中，洗涤玻璃仪器不仅是一个实验前的准备工作，也是一个技术性的工作。仪器洗涤是否符合要求，对分析结果的准确度和精密度均有影响。玻璃器皿清洗干净的标准是用水冲洗后，器皿内壁能均匀地被水润湿而不挂水珠；晾干或干燥后，应不留水痕迹。

洗涤仪器的方法很多，一般根据实验的要求、沾污的程度以及仪器的类型和形状选择合适的洗涤方法。

1. 一般洗涤

实验中常用的玻璃器皿如烧杯、锥形瓶、量筒、试剂瓶等通常先用自来水冲洗表面灰尘和易溶物，再选用合适的毛刷蘸取洗涤剂或洗衣粉直接刷洗内外表面，随后用自来水冲洗干净。最后，用去离子水或蒸馏水洗涤 3 次。

2. 洗涤液洗涤

针对仪器沾污物的性质，采用不同洗涤液能有效地洗净仪器。常用洗涤液及其使用方法见表 1-2 和表 1-3。要注意在使用各种性质不同的洗涤液时，一定要把上一种洗涤液除去后再用另一种，以免相互作用生成更难洗净的产物。

表 1-2　几种常用的洗涤液

序号	洗涤液及其配方	使用方法
1	铬酸洗涤液：研细的重铬酸钾 20g 溶于 40mL 水中，慢慢加入 360mL 浓硫酸	用于去除器壁残留油污，用少量洗涤液刷洗或浸泡一夜，洗涤液可重复使用
2	工业盐酸：盐酸和水的体积比为 1∶1	用于洗去碱性物质及大多数无机物残渣
3	碱性洗涤液：10%氢氧化钠水溶液或乙醇溶液	水溶液加热（可煮沸）使用，其去油效果较好（注意：煮沸时间过长会腐蚀玻璃，碱-乙醇洗涤液不要加热）
4	碱性高锰酸钾洗涤液：4g 高锰酸钾溶于水中，加入 10g 氢氧化钠，用水稀释至 100mL	洗涤油污或其他有机物，洗后容器沾污处有褐色二氧化锰析出，再用浓盐酸洗涤液、硫酸亚铁、亚硫酸钠等还原剂去除
5	草酸洗涤液：5~10g 草酸溶于 100mL 水中，加入少量浓盐酸	洗涤使用高锰酸钾洗涤液后产生的二氧化锰，必要时加热使用
6	碘-碘化钾洗涤液：1g 碘和 2g 碘化钾溶于水中，用水稀释至 100mL	洗涤用过硝酸银滴定液后留下的黑褐色沾污物，也可用于擦洗沾过硝酸银的白瓷水槽
7	有机溶剂：苯、乙醚、二氯乙烷等	可洗去油污或可溶于该溶剂的有机物质，使用时要注意其毒性及可燃性。用乙醇配制的指示剂干渣、比色皿，可用盐酸-乙醇（1∶2）洗涤液洗
8	乙醇与浓硝酸的混合液（注意：不可事先混合）	若一般方法很难洗净少量残留有机物，可用此法：于容器内加入不多于 2mL 的乙醇，加入 10mL 浓硝酸，静置即可发生激烈反应，放出大量热及二氧化氮，反应停止后再用水冲。冲洗操作在通风橱中进行，不可塞住容器，做好防护

表 1-3　洗涤砂芯玻璃滤器常用洗涤液

序号	沉淀物	洗涤液
1	AgCl	1∶1 氨水或 10% $Na_2S_2O_3$ 水溶液
2	$BaSO_4$	100℃浓硫酸或用 EDTA-NH_3 水溶液（3% EDTA 二钠盐 500mL 与浓氨水 100mL 混合）加热近沸

续表

序号	沉淀物	洗涤液
3	汞渣	热浓硝酸
4	有机物质	铬酸洗涤液浸泡或温热洗涤液抽洗
5	脂肪	四氯化碳或其他适当的有机溶剂
6	细菌	化学纯浓硫酸5.7mL，化学纯亚硝酸钠2g，纯水94mL充分混匀，抽气并浸泡48h后，以热蒸馏水洗净

3. 特殊污垢的洗涤

玻璃器皿上除了沾有灰尘、可溶性物质、油污等，常常会有其他不溶于水的污垢，尤其是未清洗或清洗不净而长期放置后的玻璃器皿，此时需要根据污垢的性质，选用合适的化学试剂，采用相应的办法进行处理。几种常见污垢的处理方法见表1-4。

表1-4 常见污垢的处理方法

污垢	处理方法
碱土金属的碳酸盐、$Fe(OH)_3$、一些氧化剂如MnO_2等	用稀HCl处理，MnO_2需要用6mol/L的HCl处理
沉积的金属（如银、铜）	用HNO_3处理
沉积的难溶性银盐	用$Na_2S_2O_3$洗涤，Ag_2S则用热、浓HNO_3处理
沾附的硫黄	用煮沸的石灰水处理
高锰酸钾污垢	草酸溶液（沾附在手上也用此法）
残留的Na_2SO_4、$NaHSO_4$固体	用沸水使其溶解后趁热倒掉
沾有碘迹	用KI溶液浸泡；用温热的稀NaOH或用$Na_2S_2O_3$溶液处理
瓷研钵内的污迹	用少量食盐在研钵内研磨后倒掉，再用水洗
有机反应残留的胶状或焦油状有机物	视情况用低规格或回收的有机溶剂（如乙醇、丙酮、苯、乙醚等）浸泡，或用稀NaOH或浓HNO_3煮沸处理
一般油污及有机物	用含$KMnO_4$的NaOH溶液处理
被有机试剂染色的比色皿	可用体积比为1:2的盐酸-乙醇液处理

三、玻璃器皿的干燥

做实验所用仪器应在每次实验完毕之后洗净干燥备用。用于不同实验的仪器对干燥有不同的要求，一般定量分析中的烧杯、锥形瓶等仪器洗净即可使用，而用于有机化学实验或有机分析实验的仪器很多是要求干燥的。

（1）晾干 非急用的器皿，可用纯水涮洗后，在无尘处倒置晾干水分，然后自然干燥。玻璃仪器开口向下，敞开仪器开口，让水分自然流出，挥发。

（2）烘干 洗净的仪器除去水分，放在电烘箱中烘干，烘箱105～120℃烘1h左右，也可放在红外灯干燥箱中烘干。称量用的称量瓶等烘干后要放在干燥器中冷却和保存。带实心玻璃塞的及厚壁仪器烘干时要注意慢慢升温且温度不可过高，以免烘裂，量器不可放于烘箱中烘。硬质试管可用酒精灯烘干，要从底部烘起，把试管口向下，以免水珠倒流将试管炸裂，烘到无水珠时，把试管口向上以赶净水汽。

（3）吹干　对于急于干燥的仪器或不适合放入烘箱的较大仪器可用吹干的办法，通常用少量乙醇、丙酮（或最后再用乙醚）倒入已除去水分的仪器中摇洗控净溶剂（溶剂要回收），然后用电吹风（冷风）吹 1~2min，当大部分溶剂挥发后再吹入热风至完全干燥，最后用冷风吹除残余的蒸汽，使其不再冷凝在容器内。此法要求通风好，防止中毒，不可接触明火以防有机溶剂爆炸。

（4）用有机溶剂挥干　一些带有刻度的计量仪器，不能用加热方法干燥，否则会影响仪器的精密度。可将一些易挥发的有机溶剂（如乙醇或乙醇与丙酮的混合液）倒入洗净的仪器中，润湿仪器内壁几次，倒出并回收用过的有机溶剂，最后晾干或吹干仪器。

四、玻璃器皿的保存

在储藏室内玻璃仪器要分门别类地存放，以便取用。经常使用的、干净的玻璃仪器放在专用实验柜内；高度较高、体积较大的仪器放在实验柜靠里位置。以下列举一些仪器的保管办法：

① 移液管洗净后置于防尘的盒中。

② 滴定管使用后，洗去内部残留溶液，洗净后装满纯水，上盖玻璃短试管或塑料套管，也可倒置于滴定管架上。

③ 比色皿用毕洗净后，在瓷盘或塑料盘中垫上滤纸，倒置晾干后装入比色皿盒或清洁的器皿中。

④ 锥形瓶存放分两种情况：一种是做有机分析，另一种是做无机分析。做无机分析时，一般水洗后用去离子水涮净后直接挂在水池边的滴水架上即可，再次使用时可直接拿取；做有机分析时，锥形瓶经过清洗后需放在烘箱中烘干，烘干后可以在玻璃柜内正置。

⑤ 带磨口塞的仪器如容量瓶和比色管，最好在洗净前就用橡皮筋或小线绳把塞和管口拴好，以免打破塞子或互相弄混。需长期保存的磨口仪器要在塞和管口间垫一张纸片，以免日久粘住。长期不用的滴定管要除掉凡士林后垫纸，用皮筋拴好活塞保存。

⑥ 量筒因为用于粗量，所以一般情况下量筒内有些许水分问题不大，如常量取有机溶剂，可以放在通风柜内待其自然挥发后再取用。

⑦ 凡是有配套塞、盖的玻璃仪器，必须保持原装配套，不得拆散使用和存放。

⑧ 用于农药残留分析的玻璃器皿应分开存放。农药残留分析与其他分析的最大不同之处在于污染，一旦被检验的终端样本发生痕量污染，便会产生如假阳性结果等的错误，或降低了检测灵敏度，而方法灵敏度下降则导致存在的残留不能被检出。所有的玻璃器皿、试剂、有机溶剂和水在使用前均进行试剂空白试验，检查其中是否有可能带来污染。

五、主要玻璃器皿的使用方法

环境监测实验中，最常用的玻璃器皿有烧杯、烧瓶、锥形瓶、称量瓶、移液管、吸量管、容量瓶、滴定管、表面皿、漏斗、量筒、量杯等。以下对上述主要玻璃仪器的使用做出简要说明。

1. 移液管和吸量管

移液管是用于准确量取一定体积溶液的量出式玻璃量器，全称"单标线吸量管"，习惯称为移液管。管上部刻有一标线，此标线的位置是由放出纯水（20℃）的体积（mL）所决定的。

① 使用前用铬酸洗涤液将其洗净，使其内壁及下端的外壁不挂水珠。移取溶液前，用待取溶液润洗3次。

② 移取溶液的正确操作：移液管插入烧杯内液面以下1～2cm深度，左手拿洗耳球，排尽空气后紧按在移液管管口上，然后借助吸力使液面慢慢上升，管中液面上升至标线以上时，迅速用右手食指按住管口，左手持烧杯并使其倾斜30°，将移液管流液口靠到烧杯的内壁，稍松食指并用拇指及中指捻转管身，使液面缓缓下降，直到液面到刻度线为止。将移液管插入准备接受溶液的容器中，仍使其流液口接触倾斜的器壁，松开食指，使溶液自由地沿壁流下，再等待15s，拿出移液管。具体操作见图1-1。

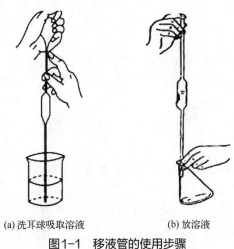

(a) 洗耳球吸取溶液　　(b) 放溶液

图1-1　移液管的使用步骤

吸量管的全称是分度吸量管，是带有分度线的量出式玻璃量器，用于移取非固定量的溶液。有以下几种规格：

① 完全流出式，有两种形式，零点刻度在上面及零点刻度在下面。

② 不完全流出式，零点刻度在上面。

③ 规定等待时间式，零点刻度在上面。使用过程中液面降至流液口处后，等待15s，再从受液容器中移走吸量管。

④ 吹出式，有零点在上和零点在下两种，均为完全流出式。使用过程中液面降至流液口并静止时，应将最后一滴残留的溶液一次吹出。

2. 容量瓶

使用时应注意以下几点：

① 检查瓶口是否漏水。

② 将固体物质（基准试剂或被测样品）配成溶液时，先在烧杯中将固体物质全部溶解，再转移至容量瓶中。转移时要使溶液沿玻璃棒缓缓流入瓶中。烧杯中的溶液倒尽后，烧杯不要马上离开玻璃棒，而应在烧杯扶正的同时使杯嘴沿玻璃棒上提1～2cm，随后将烧杯离开玻璃棒（这样可避免烧杯与玻璃棒之间的一滴溶液流到烧杯外面），然后用少量水（或其他溶剂）涮洗3～4次，每次都用洗瓶或滴管冲洗杯壁及玻璃棒，按同样的方法转入瓶中。当溶液达2/3容量时，可将容量

瓶沿水平方向摆动几周以使溶液初步混合。再加水至标线以下约 1cm 处，等待 1min 左右，最后用洗瓶（或滴管）沿壁缓缓加水至标线。盖紧瓶塞，左手捏住瓶颈上端，食指压住瓶塞，右手三指托住瓶底，将容量瓶颠倒 15 次以上，并且在倒置状态时水平摇动几周。具体操作见图 1-2。

③ 对容量瓶材料有腐蚀作用的溶液，尤其是碱性溶液，不可在容量瓶中久储，配好以后应转移到其他容器中存放。

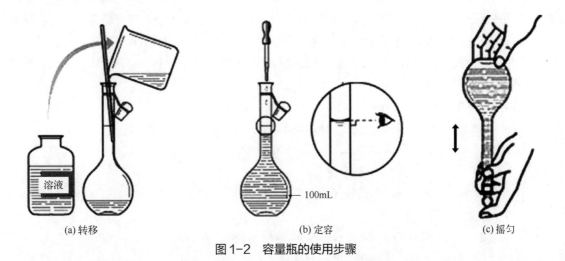

图 1-2　容量瓶的使用步骤

3. 碱式、酸式滴定管

滴定管是滴定分析法所用的主要量器，可分为酸式滴定管和碱式滴定管。酸式滴定管的下端有玻璃活塞，可装入酸性或氧化性滴定液，不能装入碱性滴定液，因为碱性滴定液可使活塞与活塞套黏合，难以转动。碱式滴定管用来盛放碱性溶液，它的下端连接一橡胶管，橡胶管内放有玻璃珠以控制溶液流出，橡胶管下端接有一尖嘴玻璃管。凡是能与橡胶管起反应的溶液，如高锰酸钾、碘等溶液，都不能装入碱式滴定管中。

聚四氟乙烯活塞滴定管既可以避免酸式滴定管因活塞涂油不匀带来的下口堵塞或漏液等问题，又可以避免碱式滴定管安装的麻烦，正逐渐取代酸式和碱式滴定管。

滴定操作时注意事项：

① 滴定管要垂直，操作者要坐正或站立，视线与零线或凹液面（滴定读数时）在同一水平。

② 为了使凹液面下边缘更清晰，调零和读数时可在液面后衬一白纸板。

③ 深色溶液的凹液面不清晰时，应观察液面的上边缘；在光线较暗处读数时可用白纸板后衬。

④ 使用碱式滴定管时，把握好捏胶管的位置。位置偏上，调定零点后手指一松开，液面就会降至零线以下；位置偏下，手一松开，尖嘴（流液口）内就会吸入空气，这两种情况都直接影响滴定结果。滴定读数时，若发现尖嘴内有气泡必须小心排除。

⑤ 握塞方式及操作：通常滴定在锥形瓶中进行，右手持瓶，使瓶内溶液不断旋转；溴酸钾法、碘量法等需在碘量瓶中进行反应和滴定（碘量瓶是带有磨口塞和水槽的锥形瓶，喇叭形瓶口与瓶塞柄之间形成一圈水槽，槽中加入纯水便形成水封，可防止瓶中溶液反应产生的气体逸失），反应一定时间后，打开瓶塞，水即流下并可冲洗瓶塞和瓶壁，接着进行滴定。无论哪种滴定管，都要掌握好加液速度（连续滴加、逐滴滴加、半滴滴加），终点前，用蒸馏水冲洗瓶壁，再继续滴

至终点。

⑥ 实验完毕后，滴定溶液不宜长时间放在滴定管中，应将管中的溶液倒掉，用水洗净后再装满纯水挂在滴定台上。

4. 分液漏斗

分液漏斗包括斗体，以及盖在斗体上口的斗盖。斗体的下口安装有三通结构的活塞，活塞的两通分别与两下管连接。当需要分离的液体量大时，只需转动活塞的三通便可将斗体内的两种液体同时流至下管，无须更换容器便可一次完成。分液漏斗分为球形、梨形和筒形等多种样式，球形分液漏斗的颈较长，多用作制气装置中滴加液体的仪器，梨形分液漏斗的颈较短，常用作萃取操作的仪器（见图1-3）。

球形分液漏斗的使用注意事项：

① 使用前，玻璃活塞应涂薄层凡士林，但不可太多，以免阻塞流液孔。

② 使用时，左手虎口顶住漏斗球，拇指、食指转动活塞控制加液，玻璃活塞的小槽要与漏斗口侧面小孔对齐相通，才能使加液顺利进行。

③ 作加液器时，漏斗下端不能浸入液面下。

梨形分液漏斗的使用注意事项：

① 振荡时，活塞的小槽应与漏斗口侧面小孔错位封闭塞紧。

② 分液时，下层液体从漏斗颈流出，上层液体要从漏斗口倾出。

③ 分液漏斗洗干净后要把塞子拿出来，不要插在分液漏斗里面，尤其是在烘箱中进行干燥前。

④ 长期不用分液漏斗时，应在活塞面夹一纸条防止粘连，并用一橡皮筋套住活塞，以免失落。

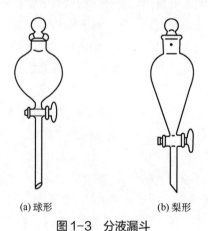

(a) 球形　　　(b) 梨形

图1-3　分液漏斗

第二节　实验用水、化学试剂与溶液

一、实验分析用水的制备

水是实验室最常用且用量最大的溶剂，对分析质量有着广泛而重要的影响。不同用途、不同分析方法需要不同质量的水。普通的天然水、自来水要经过一系列相应装置设备处理，除去干扰物质将水纯化，得到实验分析用水。表 1-5 列出了实验分析用水的级别、检验指标、制备及用途等信息。

表 1-5 实验分析用水

级别	电阻率 /(MΩ·cm)	电导率 /(μS/cm)	溶解性固体含量/(mg/L)	高锰酸钾保持颜色最少时间	制备	用途
超纯水	18.2	≤0.06			离子交换、反渗透（RO）膜或蒸馏手段预纯化，再经过核子级离子交换精纯化得到超纯水	适合多种精密分析实验的需求，如高效液相色谱、离子色谱和离子捕获-质谱
一级水	10	≤0.1	0.05	加热煮沸 5min 颜色保持	混合离子交换柱处理、石英蒸馏器蒸馏	配制痕量分析标准溶液及精密仪器用水
二级水	1.0	≤1.0	0.5	室温放置 60min 颜色保持	离子交换柱处理、玻璃蒸馏器二次蒸馏	无机痕量分析实验及仪器分析用水
三级水	0.2	≤5.0	2.5	室温放置 10min 颜色保持	金属蒸馏器蒸馏、玻璃蒸馏器蒸馏	化学分析实验室、玻璃仪器洗涤用水

1. 蒸馏水制备

蒸馏水的质量因蒸馏器的材料和结构而异，下面介绍几种不同蒸馏器及其用途。

（1）金属蒸馏器 金属蒸馏器内壁为纯铜、黄铜、青铜，也有镀纯锡的。用这种蒸馏器所获得的蒸馏水含有微量金属杂质，如 Cu^{2+} 含量约为 $(1\times10^{-5})\sim(2\times10^{-4})$ mg/L，电阻率（25℃）小于 $0.1MΩ·cm$，只适用于清洗容器和配制一般试液。

（2）玻璃蒸馏器 玻璃蒸馏器由含低碱高硅硼酸盐的"硬质玻璃"制成，其中二氧化硅约占 80%。经蒸馏所得的水中含痕量金属，如 Cu^{2+} 含量约为 5×10^{-9}mg/L，还可能有微量玻璃溶出物如硼、砷等。其电阻率约为 $0.5MΩ·cm$，适用于配制一般定量分析试液，不宜用于配制分析重金属或痕量非金属试液。

（3）石英蒸馏器 石英蒸馏器含二氧化硅 99.9%以上。所得蒸馏水含痕量金属杂质，不含玻璃溶出物。其电阻率约为 $2\sim3MΩ·cm$，特别适用于配制分析痕量非金属的试液。

（4）亚沸蒸馏器 它是由石英制成的自动补液蒸馏装置，所得蒸馏水几乎不含金属杂质（超痕量），适用于配制除可溶性气体和挥发性物质以外的各种物质的痕量分析用试液。亚沸蒸馏器常作为最终的纯水器与其他纯水装置（如离子交换纯水器等）联用，所得纯水的电阻率高达 $16MΩ·cm$ 以上。但应注意保存，一旦接触空气，在 5min 内电阻率可迅速降至 $2MΩ·cm$。

2. 去离子水制备

用阳离子交换树脂和阴离子交换树脂分别去除水中的阳离子杂质和阴离子杂质，得到电解质含量很低的水，叫作去离子水。去离子水含金属杂质极少，适于配制痕量金属分析用的试液。但利用离子交换法不能去除有机物或胶体物质，所以，去离子水不适合配制有机分析试液。离子交换树脂可再生后反复使用。

3. 膜分离、膜过滤法制备实验用水

利用膜的选择透过性，可使一部分水中的离子迁移到另一部分水中，从而实现水净化的目的。

这是一种膜分离技术,如电渗析、反渗透等。它可有效地去除胶体性物质和溶解性无机物。另外还可利用超滤、微孔过滤工艺,通过膜的筛孔截留水中微粒,去除有机物及微生物等,得到质量很好的高纯水。目前,电渗析、反渗透、超滤、微孔过滤等装置已有市售成套设备。

二、特殊要求用水的制备

在分析某些项目时,要求分析过程中所用纯水中的某些指标含量愈低愈好,这就要求制备某些特殊的纯水,以满足分析需要。下面介绍几种常见的特殊用水。

1. 无氯水

利用亚硫酸钠等还原剂将水中余氯还原成氯离子,用 N,N-二乙基对苯二胺测试不显黄色,然后用附有缓冲球的全玻璃蒸馏器进行蒸馏制得。

2. 无氨水

向水中加入硫酸至 pH<2,使水中各种形态的氨或胺均转变成不挥发的盐类,然后用全玻璃蒸馏器进行蒸馏制得。但应注意避免实验室空气中存在的氨重新污染,应在无氨的实验室进行蒸馏。还可利用强酸性阳离子树脂进行离子交换,即可得到无氨水。

3. 无二氧化碳水

(1)煮沸法 将蒸馏水或去离子水煮沸至少 10min(水多时),或使水量蒸发 10%以上(水少时),加盖放冷即得。

(2)曝气法 用惰性气体或纯氮通入蒸馏水或去离子水至饱和即得。制得的无二氧化碳水应储于具有碱石灰干燥管且橡皮塞盖严的瓶中。

4. 无铅(重金属)水

用氢型强酸性阳离子交换树脂处理原水即得。注意储水器应预先做无铅处理,用 6mol/L 硝酸溶液浸泡过夜再用无铅水洗净。

5. 无砷水

一般蒸馏水和去离子水均能达到基本无砷的要求。制备痕量砷分析用水时,必须使用石英蒸馏器、石英储水瓶等器皿。应该注意避免使用软质玻璃(钠钙玻璃)制成的蒸馏器、树脂管和储水瓶。

6. 无酚水

(1)加碱蒸馏法 加氢氧化钠调节至水的 pH 值大于 11,使水中的酚生成不挥发的酚钠后,用硬质玻璃蒸馏器蒸馏即得;也可同时加入少量高锰酸钾溶液至水呈红色(氧化酚类化合物)后进行蒸馏。

(2)活性炭吸附法 每升水加 0.1~0.2g 活性炭,置于分液漏斗中,充分振荡后,用三层定性滤纸过滤两次即得。

7. 不含有机物的蒸馏水

加入少量高锰酸钾碱性(氧化水中有机物)溶液,使水呈紫红色,进行蒸馏即得。若蒸馏过程中紫红色褪去应补加高锰酸钾。

8. 不含亚硝酸盐的水

于 1L 水中加 1mL 浓硫酸和 0.2mL 35%的硫酸锰溶液，再加 1~3mL 0.04%的高锰酸钾溶液，水呈红色进行蒸馏，取弃去 50mL 初馏液后的水。

三、水质的检定

1. 电阻率

通常使用电导仪或兆欧表测定水的电阻率。电阻率越高，表示水中的离子越少，纯度越高。日常的化学分析需要离子交换水的电阻率 ρ 达到 0.5MΩ·cm 以上，对于要求较高的分析工作，水的电阻率应更高。

2. 电导率

电导率为电阻率的倒数，能反映水中存在的电解质的程度，单位为 μS/cm。

3. pH 值的测量

取两支试管，各加入水样 10mL，甲试管滴加 0.2%甲基红（变色范围 pH 4.4~6.2）溶液 2 滴，不得显红色；乙试管中滴加 0.2%溴百里酚蓝（变色范围 pH 6.0~7.6）溶液 5 滴，不得显蓝色。

4. 硅酸盐的检验

取 30mL 水样于一小烧杯中，加 1∶3 硝酸 5mL 和 5%钼酸铵溶液 5mL，室温下放置 5min（或水浴上放置 30s），加入 10%亚硫酸钠溶液 5mL，摇匀，目视有无蓝色，如有蓝色，则含硅酸盐。

5. 氯离子的检验

取水样 30mL 于试管中，加 5%硝酸溶液 5 滴酸化，加 1%硝酸银溶液 5~6 滴，目视有无白色乳状物，如有白色乳状物，则含氯离子。

6. 钙离子的检验

取水样 30mL 于小烧杯中，加 5%氢氧化钾溶液 5mL，加入少许酸性铬蓝 K 混合指示剂，如溶液呈红色，说明水样含有钙离子。

7. 其他金属离子的检验

取水样 25mL 于小烧杯中，加 0.2%铬黑 T 指示剂 1 滴，加 pH 10.0 的氨缓冲溶液 5mL，摇匀后，如呈现蓝色，说明 Fe^{3+}、Zn^{2+}、Pb^{2+}、Ca^{2+}、Mg^{2+} 等阳离子含量甚微，水质合格；如呈现紫红色，则说明水质不合格。

8. 二氧化碳的检验

取水样 30mL 于玻璃塞磨口的锥形瓶中，加氢氧化钙试液 25mL，塞紧，摇匀后静置 1h，不得有浑浊。

9. 易氧化物的检验

取水样 100mL 于烧杯中，加稀硫酸 10mL，煮沸后加 0.02mol/L 高锰酸钾溶液 2 滴，继续煮 10min，溶液仍呈粉红色为合格，若无色则不合格。

四、化学试剂的分类与规格

化学试剂是环境监测与分析实验室必不可少的精细化学品。实验过程中,应根据实际需要合理选用化学试剂,按照规定正确配制。化学试剂和配好的试液(也称溶液)还应按规范分类放置,妥善保存。注意交叉污染及空气、温度、光线等对化学试剂和溶液的影响。

根据化学试剂的性质及用途,表 1-6 中列出了环境监测与分析实验室常用化学试剂的分类。

表1-6　环境监测与分析实验室常用化学试剂分类

名称	分类说明
无机试剂	金属、非金属单质、酸、碱、盐、金属氧化物等试剂
有机试剂	各种烃、烷、烯、醇、醚、酮、酯及其衍生物
基准试剂	配制各种标准溶液,pH标定试剂等
仪器分析用试剂	色谱仪、原子吸收仪等仪器分析所用的色谱纯及光谱纯试剂
特效试剂	在无机分析中,测定、分离、富集元素时所专用的一些有机试剂,如沉淀剂、显色剂、螯合剂等
标准物质	用于化学分析、仪器分析时作对比的化学标准品,或用于校准仪器的化学品
指示剂和试纸	指示剂是用于滴定分析中指示滴定终点,或用于检验气体或溶液中某些物质存在的试剂;试纸是用指示剂或试剂溶液处理过的滤纸条

各类化学试剂又分为不同的等级,并因纯度、杂质含量的不同应用在不同层次要求的分析检测当中,详见表 1-7。

表1-7　化学试剂的规格及用途

级别	名称	代号	标志颜色	应用范围
高纯品	色谱纯、光谱纯试剂	E.P.		用于痕量样品的分析及精密仪器分析中标准溶液的配制
一级品	优级纯、基准试剂	G.R.	绿色	用于微量分析,标准溶液的配制,精密的分析和测定工作
二级品	分析纯试剂	A.R.	红色	用于常规分析检测中
三级品	化学纯试剂	C.P.	蓝色	用于教学及一般化学实验,半定量或定性分析中的普通试液和清洁液等
四级品	实验试剂	L.R.	黄色	用于教学及一般化学实验

五、标准溶液的配制与保存

1. 标准溶液的配制

所谓标准溶液,是一种已知准确浓度的溶液,其配制方法主要有以下两种:

(1) 直接配制法　用分析天平准确称取一定量的基准物质(称量基准物质时必须使用分析天平),溶解后配制成一定体积的溶液,根据物质的质量和溶液的体积,即可计算出该标准溶液的浓度。例如,配制 $K_2Cr_2O_7$ 标准溶液时,称取 2.9418g $K_2Cr_2O_7$ 放入小烧杯中,用水溶解后,转入

500mL 容量瓶中,加水定容至刻度,摇匀,即得 0.0200mol/L $K_2Cr_2O_7$ 标准溶液。

(2)间接配制法 很多试剂不符合基准物质的条件,不能用直接法配制标准溶液,但可将其先配成一种所需的近似浓度溶液,然后用基准物质(或已知准确浓度的另一溶液)来标定它的准确浓度。

2. 标准溶液配制注意事项

① 分析实验室所用的溶液应用纯水配制,容器应用纯水洗 3 次以上。特殊要求的溶液应事先做纯水的空白值检验。

② 每瓶试剂溶液必须有标明名称、浓度和配制日期的标签,标准溶液的标签还应标明标定日期、标定者。

③ 配制硫酸、磷酸、硝酸等溶液时,都应把酸倒入水中,配制时不可在试剂瓶中进行,以免炸裂。

④ 用有机溶剂配制溶液时(如配制指示剂溶液),有些有机物溶解较慢,应采用搅拌或者在热水浴中温热溶液以加速溶解,但不可直接加热。易燃溶剂要远离明火使用,有毒有机溶剂应在通风柜内操作,配制溶液的烧杯应加盖,以防有机溶剂的蒸发。

3. 溶液浓度的表示方法

溶液浓度是指一定量(质量或体积)的溶液中所含溶质的数量。制备试剂溶液必须标明溶液的浓度。分析工作中常用的溶液浓度的表示方法如表 1-8 所示。

表1-8 溶液浓度的表示方法

名称	符号	单位	含义
物质B的物质的量浓度	c_B	mol/L	单位体积溶液里所含物质B的物质的量
物质B的质量摩尔浓度	m_B	mol/kg	溶液中物质B的物质的量除以混合物的质量
物质B的质量浓度	ρ_B	kg/m³	单位体积混合物中物质B的质量
物质B的摩尔分数	$x_B(y_B)$	量纲为1	物质B的物质的量和混合物的物质的量之比
溶质B的摩尔比	r_B	量纲为1	溶质B的物质的量和溶剂的物质的量之比
物质B的体积分数	φ_B	量纲为1	对于混合物,$\varphi_B = \dfrac{x_B V_{m,B}^*}{\sum x_I V_{m,I}^*}$,式中,$x_B$ 为物质B的摩尔分数;$V_{m,B}^*$ 为物质B在相同温度和压力下的摩尔体积;x_I 为溶剂物质 I 的摩尔分数;$V_{m,I}^*$ 为溶剂物质 I 在相同温度和压力下的摩尔体积;I 代表物质 A,B,…;Σ 表示混合物中各组分纯物质的体积之和
物质B的质量分数	w_B	量纲为1	B的质量与混合物的质量之比
滴定度	T	g/mL、mg/mL	每毫升标准溶液相当于待测组分的质量

4. 溶液的保存

溶液要用带塞的试剂瓶盛装,储存标准溶液的容器,其材料应不与溶液发生理化作用,且壁厚最薄处不小于 0.5mm。大多数标准溶液在常温(15~25℃)下可以保存 2 个月,期间当溶液出现浑浊、沉淀、颜色变化等现象时，应重新配制。见光易分解的溶液要装于棕色瓶中，挥发性试剂、见空气易变质及放出腐蚀性气体的溶液，瓶塞要严密。浓碱液应用塑料瓶装，如装在玻璃瓶中，要用橡皮塞塞紧，不能用玻璃磨口塞。

第三节　实验基本操作

一、称量

最常用的称量仪器是天平，天平的种类很多，下面主要介绍常用的托盘天平和电子天平的使用方法及注意事项。

图 1-4　托盘天平实物图

1. 托盘天平

托盘天平（见图 1-4）为一种常用衡器，精确度不高，一般为 0.1g 或 0.2g，最大载荷为 200g。通常右托盘放砝码，左托盘放待称重的物体，游码则在刻度尺上滑动。当固定在梁上的指针不摆动且指向正中刻度或左右摆动幅度较小且相等时，砝码质量与游码位置示数之和就表示待称重物体的质量。

托盘天平的使用步骤：
① 天平要放置在水平的地方。
② 事先把游码移至"0"刻度线，并调节平衡螺母直至指针对准中央刻度线。
③ 左托盘放称量物，右托盘放砝码。根据称量物的性状决定放在玻璃器皿还是洁净的纸上，事先应在同一天平上称得玻璃器皿或纸片的质量，然后称量待称物质。
④ 添加砝码从估计称量物的最大值加起，逐步减小。托盘天平只能称准到 0.1g。加减砝码并移动标尺上的游码，直至指针再次对准中央刻度线。
⑤ 物体的质量=砝码的总质量+游码在标尺上所对的刻度值。
⑥ 称量完毕，取下砝码，放回砝码盒中，把游码移回零点。

2. 电子天平

电子天平（见图 1-5）是以电磁力或电磁力矩平衡原理进行称量的，具有高精密的特点，可精确测量到 0.0001g，其最大载荷为 100～200g，感量为 0.1mg。电子天平通常只使用开/关键、去皮/调零键和校准/调整键。

电子天平的使用步骤：

图 1-5　电子天平实物图

（1）调平　检查天平是否水平放置，调整水平仪气泡至中间位置。

（2）开机　选择合适的电压，接通电源，并按说明书要求的时间进行预热。通常预热至少需要 30min，高密度的天平要求预热的时间更长。预热后，开启显示器进行操作，天平通过自检。

（3）校正　初次使用的电子天平必须进行校正。用计量部门认可的标准砝码进行校正。具有全自动校正功能的天平，内含标准砝码和电机伺服机构，操作很简单，只需按一个功能键即可在数秒内完成校正。为获得准确的校正结果，最好校正两次。

（4）称量　将洁净称量瓶或称量纸置于称盘上，关上侧门，轻按一下去皮键，天平将自动校正零点，然后逐渐加入待称物质，直到所需质量为止。

（5）关机　称量结束应及时取走称量瓶（纸），关上侧门，并做好使用情况登记。

电子天平使用注意事项：

① 电子天平应在使用前进行校正，称量前应检查天平是否完好。

② 天平载重不得超过最大载荷，不得称量温度明显高于或低于天平温度的物品，挥发性和腐蚀性的物品必须放在密闭的容器中称量，清洁天平后要放置一定时间，检定天平计量性能合格后方可使用。

③ 天平放置的环境应符合要求，震动、气流、日照引起的温度变化等都会影响称量结果的准确性。

④ 注意被称物表面吸附水分的变化。吸湿性试样烘干后应盖好盖，置于干燥器中冷却一定时间达到室温后再称量，称量速度要快。

⑤ 保持天平的清洁，发现有药品遗洒在天平的秤盘及底板上时，要立即清理干净，以免腐蚀天平。

3. 称量方法

（1）直接称量法　此法是将称量物直接放在天平盘上称量物体的质量，适用于称量洁净干燥的器皿、棒状或块状的金属等。称量时不得用手直接取放被称物，必须戴纯棉的细纱手套或采用垫纸片，或用镊子或钳子夹取等。

（2）固定质量称量法　此法又称增量法，用于称量某一固定质量的试剂（如基准物质）或试样。这种称量操作的速度很慢，适于称量不易吸潮、在空气中能稳定存在的粉末状或小颗粒（最小颗粒质量应小于 0.1mg，以便容易调节其质量）样品。操作方法如下：

① 将空容器放在秤盘上，关好防风门，按下显示屏的开关键，待读数稳定后，按调零按钮，使读数为零，即完成去皮操作。

② 在容器中加入样品，待读数稳定后，记下数据。

（3）差减称量法　该方法不要求称出样品的质量为固定的数值，只需在要求的称量范围内即可，适用于称取多份试样，由于是在加盖的称量瓶中称量，可以称量易吸水、易氧化或易与 CO_2 反应的试样。操作方法如下：

① 在称量瓶中装适量试样，装量略大于欲称量的总质量（如果试样曾经烘干，应放在干燥器中冷却到室温）。

② 在容器上方倾斜称量瓶，打开瓶盖，用称量瓶盖轻轻敲瓶的上部，使试样慢慢落入容器中，

然后用瓶盖敲瓶口上部,慢慢地将瓶竖起,使粘在瓶口的试样落入瓶中,盖好瓶盖,称取倒出部分试样后的质量。两次称量结果之差即试样的质量。按相同方法,再倒出一份试样,称量,可算出第二份试样的质量。同上操作,逐次称量,即可称出多份样品的质量。液体试样可以装在小滴瓶中用减量法称量。

二、加热

加热操作可分为直接加热和间接加热两种。直接加热是将加热物直接放在热源中进行加热,如在酒精灯上加热试管或在马弗炉内加热坩埚等。间接加热是先用热源将某些介质加热,介质再将热量传递给被加热物,这种方法称为热浴。常见的热浴方法有空气浴、水浴、油浴、砂浴等。热浴的优点是加热均匀,升温平稳,并能使被加热物保持一定温度。

1. 直接加热

(1)在试管中加热　固体和液体均可在试管中加热,但加热操作有所不同,如图1-6(a)和图1-6(b)。使用注意事项如下:

① 用试管夹或铁架台上的铁夹夹持试管时,应夹在离试管口1/3处,以便于加热或观察。
② 加热前需先将试管外壁擦干,以防止加热时试管炸裂。
③ 加热液体时,体积不超过试管的1/3,防止液体溅出;试管倾斜成45°以扩大受热面。
④ 加热固体时,试管口必须稍微向下倾斜,防止冷凝水回流而使试管炸裂。
⑤ 在使用酒精灯时,不管是加热还是预热都要用灯的外焰;在整个加热过程中,不要使试管跟灯芯接触,以免试管炸裂。

(2)在蒸发皿中加热　加热较多的固体时,可把固体放在蒸发皿中进行。但应注意充分搅拌,使固体受热均匀。

(3)在坩埚中灼烧　当需要高温加热固体时,可以把固体放在坩埚中灼烧[见图1-6(c)]。应该用酒精灯的外焰(或者煤气灯的氧化焰)加热坩埚,而不要让还原焰接触坩埚底部(还原焰温度不高)。开始时,火不要太大,坩埚均匀地受热,然后逐渐加大火焰将坩埚烧至红热。灼烧一定时间后,停止加热,在泥三角上稍冷后,用坩埚钳夹持放在保干器内。要夹持处在高温下的坩埚时,必须先把坩埚钳放在火焰上预热一下。坩埚钳用后应将其尖端向上平放在石棉网上冷却。

(a) 加热试管内的液体

(b) 加热试管内的固体

(c) 灼烧坩埚

图1-6　直接加热操作示意图

2. 间接加热

（1）空气浴加热　利用热空气间接加热，实验室中常用的有石棉网上加热和电热套加热。把容器放在石棉网上加热，注意容器不能紧贴石棉网，要留 0.5~1.0cm 间隙，使之形成一个空气浴，这样加热可使容器受热面增大，但加热仍不很均匀。这种加热方法不能用于回流低沸点、易燃的液体或减压蒸馏。电热套是一种较好的空气浴，它是由玻璃纤维包裹着电热丝织成碗状半圆形的加热器，有控温装置可调节温度。由于它不是明火加热，因此可以加热和蒸馏易燃有机物，但是蒸馏过程中，随着容器内物质的减少，会使容器壁过热而引起蒸馏物的炭化，但只要选择适当大一些的电热套，在蒸馏时不断调节电热套的高低位置，炭化问题是可以避免的。

（2）水浴加热　加热温度在 80℃以下，最好使用水浴加热。水浴加热是在水浴锅上进行的。水浴锅的盖子由一组大小不同的同心金属圆环组成，根据要加热的器皿大小去掉部分圆环，原则是尽可能增大容器受热面积而又不使器皿掉进水浴锅。水浴锅内放水，量不要超过其容积的 2/3。在水浴加热操作中，应尽可能使水浴中水的表面略高于被加热容器内反应物的液面，这样加热效果更佳。若要使水浴保持一定温度，在要求不太高的情况下，将水浴加热至所需温度后改为小火加热，也可用电子自动控温装置来实现。

实验室也常用烧杯代替水浴锅。在烧杯中放一支架，可将试管放入，进行试管的水浴加热；在烧杯上放上蒸发皿，也可作为简易的水浴加热装置，进行蒸发浓缩。较先进的水浴加热装置是恒温水浴槽，它采用电加热并带有自动控温装置，使用起来方便得多。如果需要加热到接近 100℃，可用沸水浴或蒸汽浴加热，如果加热温度要稍高于 100℃，可以选用无机盐类的饱和水溶液作为热浴液。

（3）油浴加热　用油代替水浴中的水即成油浴，一般使用温度可达 100~250℃，其优点是温度容易控制，容器内物质受热均匀。油浴所能达到的最高温度取决于所用油的种类。液体石蜡加热温度一般为 200℃，温度再高也不分解，但易燃烧，这是实验室中最常用的油浴油。甘油可加热至 220℃，温度再高会分解。硅油和真空泵油加热至 250℃，比较稳定、透明度高，但价格较贵。使用油浴时，应在油浴中放入温度计观测温度，以便调节火焰控制温度，防止温度过高。同时，油浴中油量不能过多，还应防止溅入水滴。

在油浴锅内使用电热卷加热，要比用明火加热更为安全，再接入继电器和接触式温度计，就可以实现自动控制油浴温度。如果用石蜡代替油，加热温度可达到 300℃，且冷却后变为固态，便于储存。

（4）砂浴加热　要求加热温度较高时，可采用砂浴，砂浴可加热到 350℃。一般将干燥的细砂均匀平铺在铁盘中，把容器部分埋入砂中（底部的砂层要薄一些），用煤气灯在铁盘下加热，就组成了砂浴。因砂导热效果较差，温度分布不均匀，砂浴的温度计水银球要靠近反应器，不能触及铁盘底。砂浴的特点是升温比较缓慢，停止加热后，散热也较慢。由于砂浴温度不易控制，故在实验中使用较少。除空气浴、水浴、油浴和砂浴外，还有盐浴、硫酸浴、合金浴等，这里不再一一介绍。

三、蒸馏

液态物质加热沸腾为蒸气，蒸气经冷凝又变为液体，这个操作过程称为蒸馏。蒸馏是纯化和分离液态物质的一种常用方法，通过蒸馏还可以测量纯液态物质的沸点，所以蒸馏对鉴定纯粹的

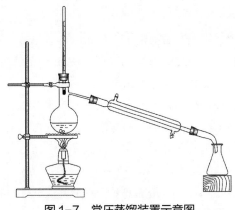

图1-7 常压蒸馏装置示意图

液体有机化合物也具有一定的意义。蒸馏分为常压蒸馏和减压蒸馏,其中常压蒸馏使用最为广泛(装置见图1-7),以下主要介绍常压蒸馏的操作。

1. 常压蒸馏操作步骤

(1)加料 在100mL圆底烧瓶中,加入60mL工业乙醇(加料时用小玻璃漏斗将其小心倒入),加入2~3粒沸石。按图1-7的常压蒸馏装置连接好仪器。注意温度计的位置,检查仪器各部分连接处是否紧密不漏气。

(2)加热 先打开自来水龙头,缓缓通入冷凝水,然后开始加热。注意冷水自下而上,蒸汽自上而下,两者逆流冷却效果好。当液体沸腾,蒸气到达水银球部位时,温度计读数急剧上升,调节热源,让水银球上液滴和蒸气的温度达到平衡,蒸馏速度以每秒1~2滴为宜。此时温度计读数就是馏出液的沸点。蒸馏时若热源温度太高,使蒸气成为过热蒸气,造成温度计所显示的沸点偏高;若热源温度太低,馏出物蒸气不能充分浸润温度计水银球,会造成温度计读得的沸点偏低或不规则。

(3)收集馏出液 准备两个接收瓶,一个接收前馏分,另一个(需干燥称重)接收所需馏分。当温度上升至77℃时,换一个已称重的干燥的50mL圆底烧瓶为接收瓶,收集77~79℃的馏分。当蒸馏瓶内只剩下少量液体时,若维持原来的加热速度,温度计读数会突然下降,此时即可停止蒸馏,不能将蒸馏瓶内液体蒸干,以免蒸馏瓶破裂或发生其他意外事故。称量收集馏分的质量或量其体积,计算回收率,并记录常压蒸馏时馏出液的沸点。

(4)拆除蒸馏装置 蒸馏完毕,应先撤出热源,然后停止通水,最后拆除蒸馏装置(与安装顺序相反)。

2. 常压蒸馏的注意事项

① 安装装置时,要保证整个装置的严密性,但接液管与接收器之间不能密封。
② 温度计水银球的上沿与蒸馏烧瓶支管口的下沿在同一水平线上。
③ 蒸馏烧瓶内的液体体积应占整个蒸馏烧瓶容积的1/3~2/3,不能太多,也不能过少。
④ 加热前,一定要加沸石等止暴(沸)剂。
⑤ 加热前,一定要先通冷凝水,冷凝水应是"下进上出";实验完毕,应先撤去热源,等温度稍微冷却后再停止通水。

四、滴定

1. 滴定管的使用操作

(1)涂油试漏 常规的玻璃活塞酸式滴定管,在使用前需进行活塞涂油,目的之一是防止溶液自活塞漏出,之二是使活塞能转动自如,便于调节转动角度以控制溶液滴出量。如图1-8所示,涂油时将已洗净的滴定管活塞拔出,用滤纸将活塞和活塞套擦干,在活塞的粗端和活塞套的细端分别涂一薄层凡士林,将活塞插入活塞套内,来回转动数次,直到从外面观察时呈透明即可。涂油完毕后,在活塞的末端套一橡皮圈以防止使用时将活塞顶出。然后在滴定管内装入蒸馏水,置滴定架上直立 2min 观察有无水滴漏下。将活塞转动 180°再观察一次,直至不漏水为止。

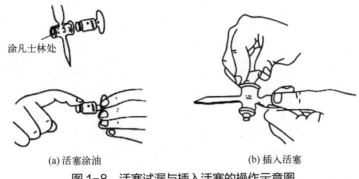

图 1-8 活塞试漏与插入活塞的操作示意图

(2) 洗涤、装液、排气

① 洗涤。无明显油污的滴定管,可直接用自来水冲洗,再用滴定管刷刷洗;若有油污则可倒入温热至 40～50℃的 5%铬酸洗液 10mL,将管子横过来并保持一较小的角度,两手平端滴定管转动直至洗液布满全管。碱式滴定管则应先将橡胶管卸下,把橡胶滴头套在滴定管底部,然后倒入洗液进行洗涤。污染严重的滴定管,可直接倒入铬酸洗液浸泡几小时。**注意:用过的洗液仍倒入原来的储存瓶中,可继续使用,直至变绿失效,千万不可直接倒入水池!** 滴定管中附着的洗液用自来水冲洗干净,最后用少量蒸馏水润洗至少三遍。洗净的滴定管内壁应能被水均匀润湿而无条纹,并不挂水珠。

② 装液。为了保证装入滴定管内溶液的浓度不被稀释,要用该溶液洗涤滴定管三次,每次用量约 1/4 滴定管容积。洗法是注入溶液后,将滴定管横过来,慢慢转动,使溶液流遍全管,然后将溶液自下放出。洗好后即可装入溶液,装液时应直接从试剂瓶倒入滴定管,不要再经过漏斗、烧杯等容器,以免影响溶液的组成和浓度。

③ 排气。将标准溶液充满滴定管后,应检查管下部是否有气泡,若有气泡,应将其排出。如为酸式滴定管,可将滴定管倾斜一定的角度,迅速转动活塞,使溶液急速流下将气泡带出;如为碱式滴定管,则可将滴定管向上弯曲,并在稍高于玻璃珠所在处用两手指挤压(图 1-9),使溶液从尖嘴口喷出,将气泡带出。

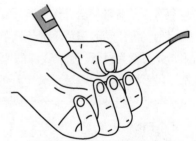

图 1-9 碱式滴定管赶出气泡

(3) 滴定操作 滴定通常在锥形瓶中进行,锥形瓶下垫一白瓷板作背景,右手拇指、食指和中指捏住瓶颈,瓶底离瓷板约 2～3cm。调节滴定管高度,使其下端伸入瓶口约 1cm。左手按滴定管的类型控制液体流速,右手运用腕力摇动锥形瓶,使其向同一方向做圆周运动,边滴加溶液边摇动锥形瓶。开始滴定时,无明显变化,液滴流出的速度可以快一些,但必须成滴而不能线状流出,滴定速度一般控制在 3～4 滴/s,注意观察标准溶液的滴落点。随着滴定的进行,滴落点周围出现暂时性的颜色变化,但随着摇动锥形瓶,颜色变化很快。当接近终点时,颜色变化消失较慢,这时应逐滴加入,加一滴后把溶液摇匀,观察颜色变化情况,再决定是否还要滴加溶液。最后应控制液滴悬而不落,用锥形瓶内壁把液滴靠下来（半滴溶液），用洗瓶吹洗锥形瓶内壁，摇匀。如此重复操作直至颜色变化30s不消失，即可认为到达终点。滴定结束后，滴定管内剩余的溶液应弃去，不要倒回原瓶中。然后依次用自来水、蒸馏水冲洗数次，倒立夹在滴定管架上。或者洗后装入蒸馏水至刻度以上，再用小烧杯或口径较粗的试管倒盖在管口上，以免滴定管污染，便于下次使用。

酸式滴定管的操作手势如图1-10（a）。使用酸式滴定管时，左手握滴定管，无名指和小指向手心弯曲，轻轻地贴着出口部分，用其余三指控制活塞的转动。注意：不要向外用力，以免推出活塞造成漏水，应使活塞稍有一点向手心的回力。

碱式滴定管的操作手势如图1-10（b）。使用碱式滴定管时，仍以左手握管，拇指在前，食指在后，其他三指辅助夹住出口管。用拇指和食指捏住玻璃珠所在部位，向右边挤压橡胶管，使玻璃珠移至手心一侧，这样，使溶液可从玻璃珠旁边空隙流出。注意：不要用力捏玻璃珠，也不要使玻璃珠上下移动，不要捏玻璃珠下部橡胶管，以免空气进入而形成气泡，影响读数。

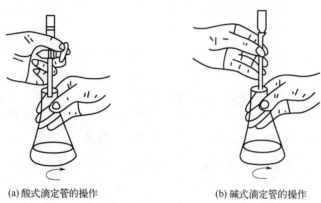

(a) 酸式滴定管的操作　　　　　　(b) 碱式滴定管的操作

图1-10　滴定的操作方法

（4）滴定管读数　读数时视线必须与液面保持在同一水平面上。对于无色或浅色溶液，读弯月面下缘最低点的刻度；对于深色溶液如高锰酸钾、碘水等，可读两侧最高点的刻度。若滴定管的背后有一条蓝带，这时无色溶液就形成了两个弯月面，并且相交于蓝线的中线上，读数时即读此交点的刻度；若为深色溶液，则仍读液面两侧最高点的刻度。为了使读数清晰，也可在滴定管后附一张白纸为背景，形成较深的弯月面，读取弯月面的下缘，这样不受光线影响，容易观察。每次滴定最好都是将溶液装至滴定管的"0.00"刻度或稍下一点开始，这样可消除因上下刻度不均匀所引起的误差。读数应读至小数点后第二位，即要求估计到0.01mL。

2. 注意事项

① 摇动锥形瓶时要向同一个方向旋转，使溶液既均匀又不会溅出，且没有液体的撞击声。

② 滴定管不能离开瓶口过高，应在瓶颈的1/2处，也不能接触瓶颈，即在未滴定时，锥形瓶可以方便地移开。

③ 滴定过程中，左手不能离开活塞任操作液自流。

④ 注意观察滴落点附近溶液颜色的变化。滴定开始时速度可以稍快（$KMnO_4$的氧化还原滴定除外），但应是"成滴不成线"的速度，临近终点时滴一滴，摇几下，观察颜色变化情况，直至加半滴乃至1/4滴，溶液的颜色刚好从一种颜色突变为另一种颜色，并在30s内不变色，即为终点。

⑤ 聚四氟乙烯活塞滴定管适用于盛装酸液和碱液，上述滴定管操作中酸式滴定管的涂油防漏即可取消。

五、过滤

过滤是分离沉淀最常用的方法之一。当溶液和沉淀的混合物通过过滤器时，沉淀留在过滤器上，溶液则通过过滤器滤入容器中，过滤所得的溶液称为滤液。溶液的温度、黏度、过滤时的压力、过滤器的孔隙大小和沉淀物的状态等，都会影响过滤的速度，实验中应综合考虑多方面因素，选择不同的过滤方法。常用的过滤方法有常压过滤和减压过滤，下面主要介绍这两种过滤方法的操作步骤。

1. 常压过滤

（1）滤纸的准备　将一张圆形的滤纸对折两次，打开成圆锥形，一边为三层，另一边为一层（图 1-11）。将三层滤纸的外层折角撕下一块，撕下的那一小块滤纸不要弃去，留作擦拭烧杯内残留沉淀用。将滤纸放入漏斗中，应使滤纸三层的一边放在漏斗出口短的一边，用手按紧使之密合，然后用洗瓶加水润湿全部滤纸。用干净手指轻压滤纸，赶去滤纸与漏斗壁间的气泡，加水至滤纸边缘，此时漏斗颈内应全部充满水，形成水柱。滤纸上的水全部流尽后，漏斗颈内的水柱仍能保住，这样过滤时漏斗颈内才能充满滤液，加快过滤速度。

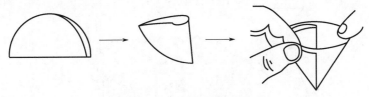

图 1-11　滤纸的折叠方法

（2）过滤　过滤操作如图 1-12（a）所示，把过滤器放在漏斗架或铁圈上，调整高度，使漏斗下端的管伸入接收容器（如烧杯）内，管口长的一边紧靠接收容器的内壁，这样可以使滤液沿接收容器的内壁流下，不让滤液溅出来。将玻璃棒下端与三层滤纸轻轻接触，让要过滤的液体从烧杯嘴沿着玻璃棒慢慢流入漏斗。液面应低于滤纸的边缘，以防止液体从滤纸与漏斗之间流下，如果过滤后所得的滤液仍浑浊，应再过滤一次。如果过滤的目的是收集滤纸上的固体，应该向漏斗内注入少量水，使液面超过沉淀物，等水滤出后，再次加水洗涤，连续洗几次，即可把沉淀物洗干净［图 1-12（b）］。

2. 减压过滤

减压过滤简称抽滤，其原理是利用玻璃抽气管（或真空泵）将吸滤瓶中的空气抽出，使其减压，布氏漏斗的液面与瓶内形成压力差，从而提高过滤速度。减压过滤可把沉淀抽吸得比较干燥，但不适用于胶状沉淀和颗粒太小的沉淀的过滤。减压过滤装置如图 1-13 所示，由布氏漏斗、吸滤瓶、安全瓶和玻璃抽气管（或真空泵）组成。其中，在玻璃抽气管（或真空泵）和吸滤瓶之间安装的安全瓶起到防止倒吸的作用。

在过滤前，应先将滤纸剪成直径略小于布氏漏斗内径的圆形，平铺在布氏漏斗瓷板上，用少量的蒸馏水润湿滤纸，慢慢抽吸，使滤纸紧贴在漏斗的瓷板上，然后进行过滤（布氏漏斗的颈口应与吸滤瓶的支管相对，便于吸滤）。过滤完毕时，应先拔掉吸滤瓶上的橡胶管，再关循环水泵，防止倒吸。溶液和沉淀的转移与常压过滤的操作相似。

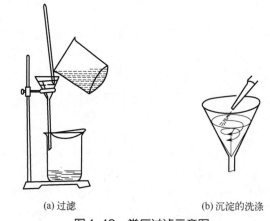

(a) 过滤　　　　　　　　(b) 沉淀的洗涤

图 1-12　常压过滤示意图

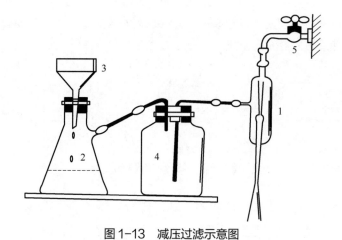

图 1-13　减压过滤示意图

1—玻璃抽气管；2—吸滤瓶；3—布氏漏斗；4—安全瓶；5—自来水龙头

第四节　环境监测程序

环境监测的程序大致分为三个阶段：

（1）对监测对象进行现场调查　调查一切与监测对象有关、能直接或间接影响监测对象的物理、化学及生物特性的因素及各因素对监测对象的影响程度等信息。

（2）制订环境监测方案　确定监测项目，布设采样点，确定采样方法、采样量、采样频率和采样设备材质等有关事项，选择样品的预处理方法和分析方法，确定样品有效组分、待测组分的保护方法及运送、保存相关事项，确定监测过程费用的预算等。

(3) 按照监测方案进行样品的采集、预处理、监测和数据处理。

一、样品采集与制备

在环境监测实验中，通常测定所需要的试样量最多也不过数克，而如此少的试样的分析结果却常常要代表几吨甚至上千吨物质组分的平均状态及组分含量。这就要求在进行测定时所使用的分析试样能代表全部物料的平均成分，即试样应具有高度的代表性。因此，在进行分析测定之前，必须根据具体情况做好试样的采集和制备工作。所谓试样的采集和制备，是指从大批物料中采集最初试样（原始试样），然后制备成具有代表性的、能供分析用的最终试样（分析试样）。当然，对于一些比较均匀的物料，采样时可直接取少量作为分析试样，不需要再进行制备。

在环境监测过程中，所遇到的各种分析对象，从其形态上来分，可分为气态（一般是空气和废气）、液态（一般是水样和水溶液）和固态（一般是固体废物、土壤样品等）三种形态。不同形态的物料其采集方法也各不相同。

1. 气体样品的采集

采集大气（空气）或废气样品的方法可归纳为直接采样法和富集（浓缩）采样法两类。

（1）直接采样法 当大气中的被测组分浓度较高，或者监测方法灵敏度高时，从大气中直接采集少量气体即可满足监测分析的要求，这种方法测得的结果是瞬时浓度或短时间内的平均浓度，能较快地得到测定结果。常用的采集装置有注射器、真空采气瓶（管）等（图1-14）。

用这些装置采样时，首先要用待采气体抽洗装置2~3次，保证样品不被污染，并保证待采气体样本不能与装置发生吸附或其他化学反应，以免损失有效成分。一般来说，这种方法采集的样品应尽快分析。

(a) 注射器　　(b) 真空采气瓶　　(c) 真空采气管

图1-14　直接采样装置

（2）富集（浓缩）采样法 大气中的污染物质浓度一般都比较低（10^{-9}~10^{-6}数量级），直接采样法往往不能满足分析方法检出限的要求，故需用富集采样法对大气中的污染物质进行浓缩。富集采样法时间一般比较长，测得结果代表采样时段的平均浓度，更能反映大气污染的真实情况。

① 溶液吸收法是采集大气中气态、蒸气态及某些气溶胶态污染物质的常用方法。采样时，用抽气装置将待测空气或废气以一定流量抽入装有吸收液的吸收管（瓶）。采样结束后，倒出吸收液进行测定，根据测得结果及采样体积计算大气中污染物的浓度。

常用的吸收液有水、水溶液和有机溶液等，按照吸收原理可分为两种类型。一种是由于待测气体分子在吸收液中溶解度大，从而被富集在吸收液中，如用5%的甲醛或其他极性有机溶液吸收有机农药，用 10%乙醇吸收硝基苯等。另外一种是基于化学反应。例如，基于中和反应，用氢氧化钠溶液吸收大气中的氯化氢；基于配位反应，用四氯汞钾溶液吸收二氧化硫等。一般来说，伴有化学反应的吸收液比单靠溶解作用的吸收液吸收速度快、效率高。因此，除采集溶解度非常大的气态物质外，一般都选用伴有化学反应的吸收液。吸收液的选择原则如下：

a. 与被采集的物质发生化学反应快或对其溶解度大；

b. 污染物质被吸收液吸收后，要有足够的稳定时间以满足分析测定所需的时间要求；

c. 污染物质被吸收后，应有利于下一步分析测定，最好能直接用于测定；

d. 吸收液毒性小、价格低、易于购买，且尽可能回收利用。

提高吸收液与气体样本接触面积的主要措施是吸收瓶及相关装置的合理设计。常见的几种大气采样吸收管见图1-15。

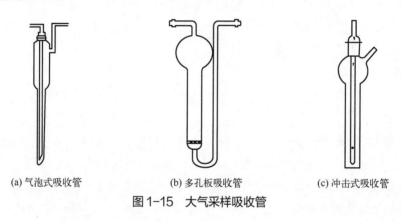

(a) 气泡式吸收管　　(b) 多孔板吸收管　　(c) 冲击式吸收管

图 1-15　大气采样吸收管

② 填充柱阻留法所用填充柱采样管是用一根长 6～10cm、内径 3～5mm 的玻璃管或塑料管作为填充柱，内装颗粒状填充剂制成（图1-16）。采样时，让气体样以一定流速通过填充柱，则欲测组分因吸附、溶解或化学反应等作用被阻留在填充剂上，达到浓缩采样的目的。采样后，通过解吸或溶剂洗脱，使被测组分从填充剂上释放出来进行测定。根据填充剂阻留作用的原理不同，可分为吸附型、分配型和反应型三种类型。

图 1-16　填充柱采样管

常用的吸附剂有硅胶（属于极性表面，对于极性气体有较强的吸附能力，其阻留样品的原理是物理吸附、化学吸附和毛细凝集等的混合作用）、活性炭（属于非极性的表面，主要用来采集非极性或弱极性的有机气体和蒸气，吸附容量大，吸附力强。沸点低于 0℃的气体及极性气体分子不宜用该种吸附剂）、高分子多孔微球（适用于采集分子量较大、沸点较高、有一定挥发性的蒸气态或蒸气和气溶胶共存于空气中的有机化合物，如多氯联苯、有机氯、有机磷、多环芳烃等）。

常用反应型阻留柱中填充着具有化学惰性表面的多孔性颗粒物。颗粒物的表面常涂有能与待测气体进行化学反应的物质，有时将能与待测气体反应的物质制备成合适的颗粒直接装在阻留柱中。一般来说，这种柱子的选择性较好，采集到的样品在后续分析过程比较容易阻留在采样管中。

③ 滤料阻留法是将过滤材料（滤纸、滤膜等）放在采样夹上，用抽气装置抽气，则空气中的

颗粒物被阻留在过滤材料上，称量过滤材料上富集的颗粒物质量，根据采样体积，即可计算出空气中颗粒物的浓度。

④ 低温冷凝法是将 U 形或蛇形采样管插入冷阱，当大气流经采样管时，被测组分因冷凝而凝结在采样管底部（图 1-17）。大气中某些沸点比较低的气态污染物质，如烯烃类、醛类等，在常温下用固体填充剂等方法富集效果不好，而低温冷凝法可提高采集效率。

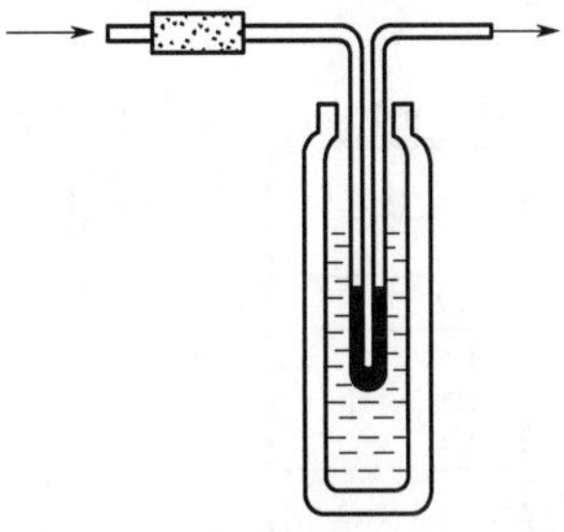

图 1-17　低温冷凝法采样装置

⑤ 自然积集法是利用物质的自然重力、空气动力和浓差扩散作用采集大气中的被测物质，如自然降尘量、硫酸盐化速率、氟化物等大气样品的采集。这种采样方法不需要动力设备，简单易行，采样时间长，测定结果能较好地反映大气污染情况。

目前实验室内分析的质量控制一般可达到要求，但由于种种原因现场采样仍缺乏严格的质量保证。大气采样效率是影响采样质量的一个关键因素。常规监测时大气样品的采集一般都使用标准采样方式，所以在规范操作前提下，采样效率应达到要求。但采样流量、采样仪器的放置高度、距离、设计的采样瓶气体样品的进入方式以及采样介质（滤料及吸收液）等均需采取严格的质量保证措施，才能获得具有代表性的、客观反映大气质量的样品。

大气采样量的准确与否直接影响到采样质量。而采样量是采样流量和采样时间的乘积。时间可用较准确的秒表测量，容易测准确。而流量的准确测定，需要抽气时电压稳定，气压、气温及气流受到阻力保持恒定不变。为保证大气采样过程中的质量，一般可选用恒流采样方法。恒流采样器上安装保持流量恒定的电路装置。由于流量易受外界环境的影响，所以在采样前，对于采样器进行流量校准是很必要的。

两台采样器平行采样时，保持 3～4m 为宜。一般来说，采样器应高于地面 3～5m，距基础面 1.5m 以上的相对高度比较适宜。

另外，采样前应检查是否漏气，采样的滤膜是否有孔、折痕，是否有其他缺陷，吸收液是否浑浊或因变质而出现较重的颜色等。如果出现不正常的现象，应及时更换。

2. 水样的采集

（1）水样的采集方法　水样的采集比气体样品的采集要简单，易于操作。在采样前，根据监测项目的性质和采样方法的要求，选择适宜材质的盛水器和采样器。如测定矿物油或其他水溶性差的有机物时，不能选用以塑料为材质的采样瓶，因为它容易吸附油类物质。测定含硅碱性化合物或其他碱性化合物时，应避免使用二氧化硅为材质或含二氧化硅的采样瓶，因为碱性物质会与二氧化硅反应。如果待测组分是金属离子，则应避免使用玻璃采样瓶，因为玻璃对游离的金属离子有一定的吸附作用，而聚乙烯或聚四氟乙烯的这种作用明显小。不同水样的采集方法不同，归纳如下：

① 采集表层水时，可用桶、瓶等容器直接采取。一般将其沉至水面下 0.3～0.5m 处采集。采集深层水时，可用带重锤的采样器沉入水中采集。

② 装在大容器里的水样，只要在容器的不同深度取样混合均匀后即可作为分析试样；对于分装在小容器里的液体，应从每个容器里取样，然后混合均匀作为分析试样；采集水管中的水时，取样前要将水龙头打开放水 10～15min，再用干净瓶子收集水样至满瓶；从河池等水源中取样，应尽可能在背阴的地方，水面以下 0.5m 深度、离岸 1～2m 处取样。

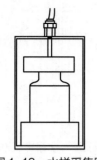

图 1-18 水样采集器

③ 工业废水的成分经常变化，这主要是由生产工艺、产品种类及特点的变化而造成的。因此，采集工业废水水样时，应首先了解生产情况，然后再决定取样方法。如果废水流量比较恒定，则只要取平均水样就可以了，即每隔相同的时间取等量水样混合而成。如果废水的流量不恒定，则需要取平均比例组合水样，即每隔一定时间，根据废水流量的大小，取一定量的水样，流量大时多取，流量小时少取，然后把它们混合在一起作为分析水样。不管是平均水样或平均比例组合水样，一般都取一昼夜的。如果废水不是经常排放的而是间断的，则应取排放时的瞬时水样，分析结果只代表取样时废水的成分。总之，工业废水的取样是由生产工艺特点及分析的要求所决定的，取样时应分析具体情况，使所取水样具有充分的代表性。水样采集器如图 1-18 所示。

（2）水样的保存 水样从采集到分析检测这段放置时间，其中某些物理参数及化学组分会随着环境条件的变化及微生物新陈代谢活动而发生变化，从而影响检测结果的准确性。为减少这些变化，应尽快对采集的水样进行分析测定及采取必要措施。若水样不能立即进行分析测定或需要运输，就要对水样妥善保存。没有明确规定水样采集与分析检测之间的允许存放时间，对于不同污染状况的水样，一般认为清洁水样低于 72h，轻度污染水样低于 48h，严重污染水样低于 12h。

对水样分析的不同项目有着不同的储存要求和保存方法，一般采取的措施有冷藏冷冻、加入化学试剂保存法。水样通常在冷至 4℃左右保存，有时也可将水样迅速冷冻，储存在暗处。这样可以抑制生物活动，减缓物理作用和降低化学反应速率。加入化学试剂保存法则往往是针对特定的分析要求添加合适的试剂，如为了阻止生物作用加入生物抑制剂（适量氯化汞、苯、甲苯或氯仿等）；为防止金属元素沉淀或被容器吸附，可加酸（硝酸或硫酸）至 pH<2；为防止测定氰化物时产生 HCN 逸出，应加碱至 pH=11 保存；为使水样稳定保存加入各种不干扰其他组分测定的稳定保存剂等。水样保存的一般方法见表 1-9。

表 1-9 水样的保存方法

测定项目	容器类别	保存技术	推荐可保存时间
色度	P 或 G	尽量现场测定	12h
气味	G	1~5℃冷藏	6h
SS	P 或 G	1~5℃暗处	14d
浊度	P 或 G		12h
pH 值	P 或 G	尽量现场测定	12h
电导率	P 或 BG		12h
酸度	P 或 G	1~5℃暗处	30d
碱度	P 或 G	1~5℃暗处	12h
硬度	P 或 G	加硝酸至呈酸性	30d
氨、氮	P 或 G	用 H_2SO_4 酸化，pH≤2	24h
溶解氧	溶解氧瓶	加硫酸锰，碱性 KI 叠氮化钠溶液，现场固定	24h
BOD_5	G	避光，冷藏	24h

续表

测定项目	容器类别	保存技术	推荐可保存时间
高锰酸盐指数	G	1~5℃暗处冷藏	12h
	P	−20℃冷冻	30d
酚类	G	1~5℃避光。用磷酸调pH≤2，加入抗坏血酸0.01~0.02g除去残余氯	24h
总氰化物	P或G	加氢氧化钠至pH>9，1~5℃冷藏	7d，如果硫化物存在，保存12h
COD_{Cr}	P或G	尽快分析或加H_2SO_4至pH<2	7d
六价铬	P或G	NaOH，pH=8~9	14d
汞	P或G	1L水样中加浓HCl 10mL酸化	14d
余氯	P或G	避光	5min
细菌总数、大肠埃希菌	灭菌容器G	1~5℃冷藏	尽快（地表水、污水及饮用水）
镉、锰、镍、铅	P或G	1 L水样中加浓HNO_3 10mL酸化	14d
铜、锌	P	1 L水样中加浓HNO_3 10mL酸化	14d
银	P或G	1 L水样中加浓HNO_3 2mL酸化	14d
锂	P	1 L水样中加浓HNO_3 10mL酸化	30d
总铬	P或G	水样中加硝酸或硫酸至pH=1~2	
总铁	P酸洗或BG酸洗	用HNO_3酸化，pH=1~2	30d

注：SS为悬浮物；BOD_5为五日生化需氧量；COD_{Cr}为重铬酸钾法测定的化学需氧量；P为聚乙烯容器；G为玻璃容器；BG为硼硅玻璃容器。

不论是清洁水还是工业废水，取样后，均应立即在水样瓶上贴好标签，标明水样名称、取样地点、时间、水温、气温、分析项目、取样人姓名及其他必要的说明。

3. 固体样品的采集

环境监测过程中，固体样品主要包括固体废物、土壤及水下底泥等。为了使采样样品具有代表性，在采集之前要调查研究产生固体废物的生产工艺过程、废物类型、排放数量、堆积时间、危害程度和综合利用等情况。如采集有害废物则应根据其有害特征采取相应的安全措施。

① 工业有害固体废物约占工业固体废物总量的10%。同一类工业有害固体废物中，有害成分相对单一。如果堆放均匀，呈松散或粉末状，可在不同部位取少量试样混匀，即可作为分析试样；如果堆放不均匀，样品为大的块状结构，则应详细调查固体废物堆放规律及结构，然后规范布点，采集样品，再按一定比例混合样品，即可得分析试样。

② 对于生活固体废物，采样比较麻烦。一般来说，堆放的城市固体生活垃圾是多种物质组成的混合物，主要包括废品类、厨房类垃圾和灰土类。在城市生活垃圾采样时，布点应均匀，在不同深度层面上都应该布设采样点，不同点采样量应基本相同，最后进行混合，获得待测样品。

③ 在土壤样品采集时，要根据具体监测目的，选择采样单元（0.13~0.2hm²）。若监测目的是了解工业排放有害气体对土壤的污染状况，则可以工厂为中心，视当地气象状况、工厂车间或工业企业在当地的分布情况选择采样单元（一定要在污染范围内）。若想了解污水灌溉对土壤的

污染状况，采样单元则应选在污水流经的土地面积范围内。在采样单元中布设采样点，布点时应均匀。在土壤样品采集时，根据具体监测目的，可将采样断面设置在不同深度处。对于污染状况的调查，一般在0~15cm或0~20cm深度范围内采样。

④ 水、水体底泥及水生生物是一个完整的水环境系统。水体底泥的监测常会提供许多关于水质及其变化的信息。水体底泥样品采集时，用勺或钩类器具进行采样，这类器具一般适合于采集深层底泥。

固体样品采集后，有时需要粉碎，一般用机械或人工方法把全部样品逐级破碎，然后通过5mm筛孔进行筛分。注意：粉碎过程中，不可随意丢弃难以破碎的颗粒！

在对粉碎后的固体样品进行缩分时，将样品置于清洁、平整不吸水的板面上堆成圆锥形，每铲物料自圆锥顶端下落，使其均匀地沿锥尖散落，不可使圆锥中心错位。反复转堆，至少三周，使其充分混匀。然后将圆锥顶端轻轻压平，摊开物料后，用十字板自上下压，分成四等份，取两个对角的等分，重复操作数次，直至不少于1kg试样为止。在进行各项有害特征鉴别实验前，可根据要求对样品量进一步缩分。

二、样品预处理

环境监测过程中的样品一般都是复杂的混合物。环境样品的预处理是分析工作的重要步骤之一，它不仅直接关系到待测组分转变为适合的测定形态，也关系到以后的分离和测定。如果预处理方法选择不当，会给后续的测定造成困难，有时甚至使测定无法进行。

1. 固体样品的分解

固体样品的分解主要有干法和湿法。干法是用固体碱或酸性物质熔融或烧结来分解试样，一般称为熔融法；湿法是用酸或碱溶液来分解试样，一般称为溶解法。此外还有一些特殊分解法，如热分解法、氧瓶燃烧法、定温灰化法、非水溶剂中金属钠或钾分解法等。在实际工作中，为了保证试样分解完全，各种分解方法常常配合使用。

（1）测定固体样品中无机金属离子时样品的预处理　在分解试样时，应尽量少地引入盐类，以免给测定带来困难和误差，所以分解试样应尽量采用湿法。在固体样品的溶解或消解过程中，常使用混合酸与氧化剂的混合体，如浓硝酸和浓盐酸按1∶3（体积比）混合的王水，硫酸和高锰酸钾混合等，目的是使待测组分进入溶液。在湿法中选择溶剂的原则是：能溶于水的先用水溶解，不溶于水的酸性物质用碱性溶剂，碱性物质用酸性溶剂，还原性物质用氧化性溶剂，氧化性物质用还原性溶剂溶解。

分解试样时，带来误差的原因很多。如分解不完全，或试样和反应器皿作用导致待测组分的损失和沾污，这种现象在测定微量成分时尤应注意。

选择分解方法时，不仅要考虑对准确度和测定速度的影响，而且要求分解后杂质的分离和测定都易进行。所以，应选择那些分解完全、分解速度快、分离测定较顺利，同时对环境没有污染或污染少的分解方法。

分解试样时，必须遵循下列原则：①试样必须分解完全，处理后的溶液中不得残留原试样的细屑或粉末；②试样分解过程中待测组分不应挥发损失；③试样分解时，不应引入待测组分和干扰物质。

（2）测定固体样品中有机物时样品的预处理　测定固体中的水溶性有机物，可直接用水浸泡溶解，如低级醇、多元酸、糖类、氨基酸、有机酸的碱金属盐，均可用水溶解。如果测定不溶于水或在水中溶解度小的酸性有机物，例如酚类及其他有机酸，可用乙二胺、丁胺等碱性有机溶剂溶解；相反，碱性不溶于水的有机物可用酸性有机溶剂溶解，例如生物碱等有机碱易溶于甲酸、冰醋酸等酸性有机溶剂。对于固体样品中的非极性有机物的测定，根据相似相溶原理，极性有机化合物易溶于甲醇、乙醇等极性有机溶剂，非极性有机化合物易溶于苯、甲苯等非极性有机溶剂，故可选择非极性溶剂进行萃取。

（3）元素形态分析时固体样品的溶解方法　环境固体样品中的元素形态分析目前不属于常规监测内容，属于研究性监测的范围。所谓形态分析，即待测元素或污染因子在环境中的存在状态的分析。对于比较简单的形态分析，固体样品的溶解可用上述方法。对于复杂的形态分析，则需要将各种分离、溶解、分解的方法相结合。一般没有固定的模式，要根据具体情况进行样品处理和制备。比如，待测形态溶于水的，可用水浸泡，然后根据待测组分的性质再对水溶液进行分级分离（可用不同微孔的滤膜将不同分子量大小的组分分开，然后进行分析；也可利用不同组分在不同 pH 值下溶解度不同，将各组分以沉淀的形式收集，然后进行分析；或者利用其他色谱方法进行分离）。

分离及分析过程实际上是一个研究过程，需要进行反复的条件试验。分离好的组分在分析时，一定要选择合适的分析方法，一般有电化学方法、光谱方法、色谱方法及各种联用方法等。

2. 水样的预处理

水样的组成是相当复杂的，并且多数污染组分含量低，存在形态各异，所以在分析测定之前，需要进行适当的预处理。

（1）水样的消解　当测定含有机物水样中的无机元素，尤其是金属元素时，需进行消解处理，消解处理可以破坏有机物，溶解悬浮性固体，将各种价态的预测元素氧化成单一高价态或转变成易于分离的无机化合物。消解后的水样应清澈、透明、无沉淀。消解水样的方法有湿式消解和干式分解法（干灰化法）。

① 湿式消解水样一般是用硝酸、盐酸、硫酸、磷酸、混合酸或酸与其他氧化类物质的混合物，在较高的温度下对水样中的有机物进行破坏，使其中待测元素以合适的存在状态（一般是游离态离子）和价态（一般是最高价态）进入溶液。水样消解时各种酸的作用及使用注意事项与固体样品消解时一致。

② 干灰化法（高温分解法）的处理过程是取适量水样于白瓷或石英蒸发皿中，置于水浴上蒸干，移入马弗炉内，于 450～550℃ 灼烧到残渣呈灰白色，使有机物完全分解除去。取出蒸发皿，冷却，用适量 2% HNO_3（或 HCl）溶解样品灰分，过滤，滤液定容后供测定使用。该方法不适用于处理测定易挥发组分（如砷、汞、镉、锡、硒等）的水样。

（2）富集与分离　当水样中的待测组分含量低于分析方法的检测限时，就必须进行富集或浓缩；当有共存干扰组分时，就必须采取分离或掩蔽措施。富集和分离往往是同时进行的，常用的富集方法有过滤、挥发、蒸馏、溶剂萃取（有传统的萃取方法和各种新开发出的高效萃取方法，如固相萃取、超临界流体萃取、加速溶剂萃取、液膜萃取及微波萃取等）、色谱分离手段（各种层析法、离子交换等）、吸附、共沉淀、低温浓缩及浮选分离等。在分离富集待测组分时，要结合具体情况选择使用合适的方法。

三、样品分析方法

1. 应急监测方法

随着经济、社会的发展和突发环境事件应急监测要求的逐步提高,应急监测技术也逐步改进。环境事件的突发性决定了环境现场应急监测必须迅速、有效,这就要求配置的应急监测设备应具有较高的灵敏度、准确性和精密度。几十年来,现场检测仪器已由最早期的检测管和检测箱发展到如今的便携式应急监测仪器,为现场检测技术与方法的进步提供了可靠的物质保障。根据监测技术的原理及形式不同,可大致将其分为以下几类。

(1)试纸法　该方法较为经典,是将经化学试剂浸泡过的化学试纸浸入被测溶液中,经显色反应后,与标准比色板比较,进行定量分析。例如,溴化汞试纸检测灵敏度可达 0.2mg/L。试纸法原理简单、操作快速、测定范围宽,但由于试纸上所吸附的化学试剂稳定性较差,测定误差较大,适用于半定量分析。

(2)侦检片法　与试纸法原理相同,均为化学显色法。与试纸法相比,其包装形式不同,稳定性有所改善。测定水样时,分别滴加受污水样和空白水样,比较二者颜色变化快慢情况,可做半定量分析。

(3)检测管法　与试纸法原理类似,是将化学试剂以一定的形式封于不同密封方式的玻璃管或塑料管中。测定水样时,利用真空或毛细管吸附等作用吸入水样,在化学试剂与水样中的化学物质显色反应后,即可与标准比色板比较,确定污染物浓度。根据密封形式的不同,检测管法又可分显色反应型、直接检测型、吸附检测型等。

(4)传感器法　一般将一个或多个传感器(主要是电化学传感器)集成在仪器里面,仪器结构简单、体积较小,可根据不同的传感器同时测定不同的气体(如氧气、一氧化碳、硫化氢、氯气等)。

(5)便携式仪器法　随着化学分析仪器小型化的大力发展,体积小、重量轻、分析速度快、性能指标达到或接近实验室台式分析仪器的便携/移动式应急监测仪器逐渐被推出,其具有操作简单、试剂用量少、多组分同时/连续测定、灵敏度高等优势。

常见的便携式仪器法有比色法,它利用化学反应显色原理,以便携式分光光度计进行定量测定;还有配置氢火焰检测器、电子捕获检测器、光离子化检测器等的便携/移动式气相色谱,其已使用多年;便携式气相色谱-质谱联用仪也可以很好地解决未知污染物的定性难题,利用顶空等技术可以实现对水体污染物质的直接定性与定量分析。

随着信息化程度的不断提高及环境保护新形势的发展,已逐步把现代信息技术(如数据库技术、遥感技术、通信技术及信息管理技术等)应用到环境污染事故的应急监测中,从而提升了应急监测的现代化水平,这也将是应急监测技术发展的必然趋势。

2. 便携式应急监测方法

便携式应急监测方法的选择取决于以下几个因素:监测污染物的类型、监测数据的用途、监测方法情况、是否有现场方法。当已经可以判断污染物的种类时,即可用针对性的分析技术进行现场快速检测。目前常见的污染物分析方法主要可从便携式分光光度法、传感器法、便携式气相色谱法、便携式气相色谱-质谱法、便携式傅里叶红外光谱法、便携式阳极溶出法、检测管法中选择,其定量准确度要优于其他快速方法。未知物的鉴定是一项非常复杂的工作,环境污染事故中的未知物的鉴别需要快速，不适合采用一般常规分析化学基础鉴别手段和方案，如官能团法、特征显色法等。一般来讲应经过初步的定性分类，先将其假设为无机和有机两大类，再分别进行鉴别。

（1）无机类的鉴定技术　对金属元素和无机元素进行初步筛分，不同介质使用的筛分技术也不一样。水质中金属元素和无机元素的筛分，应充分考虑污染事故发生源所能提供的一切信息，缩小定性的范围。目前可用的技术只能是假设属于某种元素或化合物，从而使用特定的分析方法进行筛选。土壤和固体的金属物质与无机元素的鉴别可以利用便携式 X 射线荧光仪进行快速初步分析。

（2）有机物的鉴定技术　目前环境分析中常用的有机污染物鉴别方法有质谱法和傅里叶红外光谱法。便携气相色谱-质谱和傅里叶红外光谱的结合基本能够满足大部分有机气体未知物的现场鉴别分析。

3. 连续在线监测方法

连续在线监测技术是指一种可实时采样，并对特定项目实时分析及数据上传的监测技术。该技术实现了对环境要素实时监测，可保证监测数据的及时性和连续性，在应急监测中得到了广泛的应用。最主要的是水质连续在线监测和大气在线监测。

（1）水质连续在线监测　连续在线监测技术主要运用于水质自动监测站和移动式水质监测车（船），由采样单元、分析单元、监测站房（车、船）和数据传输单元等组成。监测单元可以根据实际需求灵活配置，比较常见的监测单元有水温、pH、溶解氧、电导率、浊度、氨氮、化学需氧量、高锰酸盐指数、总磷、挥发酚、氰化物、金属类等。

水质自动监测站一般固定设置在地表水监测断面或排污单位外排口，用于地表水断面考核和企业排污实时监测。移动式水质监测车（船）的功能和水质自动监测站基本相似，但其可根据监测需要随时调整点位的布设，也称为"移动水站"。

（2）大气在线监测　大气在线监测技术广泛运用于环境空气质量监测站，监测站主要由采样装置、分析仪器、校准单元、数据采集和传输设备等组成。常见的监测项目有 SO_2、NO_x、O_3、CO、PM_{10}、$PM_{2.5}$ 等，可根据实际需求配置。大气在线监测技术同样也可运用于移动式大气监测车，可对特定区域的目标气体进行实时走行监测。

上述介绍的连续在线监测技术的应用对应急监测中预警预报、污染源排查、污染源扩散范围及扩散趋势评估起到了很大的帮助作用，是应急监测技术发展的必然趋势。

四、实验数据处理

1. 数据的修约规则

在分析工作中，由于测量仪器有一定精度，因此表示结果数字的位数应该与此精度相适应，太多会使人误认为测量准确度很高，太少则会降低准确度。在一个计量数字中，只应保留一位不准确数字，其余数字均为准确数字，此时所记的每一位数字均为有效数字。

当分析结果由于计算或其他原因位数较多时，需采用如下数字修约规则处理，从而用位数适度的有效数字表示结果。

① 凡末位有效数字后边的第一位数字大于 5，则在其前一位上增加 1，小于 5 则弃去不计；等于 5 时，如前一位为奇数则增加 1，如前一位为偶数则弃去不计。例如，对 27.0249 取 4 位有效

数字时,结果为27.02;取5位有效数字时,结果为27.025。如将27.025和27.035取4位有效数字时,则分别为27.02和27.04。

② 对于被修约数字需舍弃两位数以上时,应根据所拟舍弃者中左边第一位数的大小,按上述规则一次性地修约得出结果。例如,要将15.4546修约成整数时,因为拟舍弃的4个数中,左边第一位数是4,按规则应将它弃去不计,另外3位数字546也随之消去,因此修约的结果是15。

也可以将数据的修约规则概括为"四舍六入五考虑",五后非零则进一,五后皆零视奇偶,五前为偶应舍去,五前为奇则进一。

2. 可疑数据的取舍

与正常数据不是来自同一分布总体、明显歪曲实验结果的测量数据,称为离群数据,可能会歪曲实验结果。但尚未经检验断定为离群数据的测量数据,称为可疑数据。

在数据处理时,必须剔除离群数据以使测量结果更符合客观实际。正确数据总有一定的分散性,如果人为地删去一些误差较大但并非离群的测量数据,由此得到精密度很高的测量结果并不符合客观实际。因此对可疑数据的取舍必须遵循一定的原则。

测量中若发现明显的系统误差和过失,则由此产生的数据应随时剔除。而可疑数据的取舍应采用统计方法判别,即离群数据的统计检验。检验的方法很多,常用的有Q检验法、狄克松(Dixon)检验法和格鲁布斯(Grubbs)检验法等。

3. 测定结果的表述

对一个试样某一指标的测定,其结果表达方式一般有如下几种:

(1) 用算术均数($\bar{x}$)代表集中趋势 测定过程中排除系统误差和过失误差后,只存在随机误差,根据正态分布的原理,当测定次数无限多($n \to \infty$)时的总体均值(μ)应与真值(x_t)很接近,但实际只能测定有限次数。样本的算术均数代表集中趋势。

(2) 用算术均数和标准偏差表示测定结果的精密度($\bar{x} \pm s$) 算术均数代表集中趋势,标准偏差表示离散程度。算术均数代表性的大小与标准偏差的大小有关,即标准偏差大,算术均数代表性小,故而测定结果常以($\bar{x} \pm s$)表示。

(3) 用变异系数($C_v = \dfrac{s}{\bar{x}} \times 100\%$)表示结果 标准偏差大小还与所测均数水平或测量单位有关。不同水平或单位的测定结果之间,其标准偏差是无法进行比较的,而变异系数是相对值,故可在一定范围内用来比较不同水平或单位测定结果之间的变异程度。例如,用镉试剂法测定镉,当镉含量小于0.1mg/L时,最大相对偏差和变异系数分别为7.3%和9.0%。

4. 均数置信区间和"t"值

均数置信区间是考察样本均数($\bar{x}$)与总体均数(μ)之间的关系,即以样本均数代表总体均数的可靠程度。正态分布理论是从大量数据中列出的,当从同一总体中随机抽取足够量的大小相同的样本,并对它们测定得到一批样本均数,如果原总体是正态分布,则这些样本均数的分布将随样本容量(n)的增大而趋向正态。

样本均数的符号为$\bar{x}$,样本均数的标准偏差符号为$s_{\bar{x}}$。标准偏差(s)只表示个体变量值的离散程度,而均数标准偏差表示样本均数的离散程度。

均数标准偏差的大小与总体标准偏差成正比,与样本含量的平方根成反比。

$$s_{\bar{x}} = \frac{s}{\sqrt{n}}$$

由于总体标准偏差不可知,故只能用样本标准偏差来代替,这样计算所得的均数标准偏差为估计值,均数标准偏差的大小反映抽样误差的大小,其数值愈小则样本均数愈接近总体均数,以样本均数代表总体均数的可靠性就愈大;反之,均数标准偏差愈大,则样本均数的代表性愈不可靠。

样本均数与总体均数之差对均数标准偏差的比值称为 t 值。

$$t = \frac{\bar{x} - \mu}{s_{\bar{x}}}$$

移项,$\mu = \bar{x} - t\, s_{\bar{x}} = \bar{x} - t\dfrac{s}{\sqrt{n}}$。

根据正态分布的对称性特点,应写成

$$\mu = \bar{x} \pm t\frac{s}{\sqrt{n}}$$

式中,右面的 $\bar{x}$、s 和 n 经测定可得,t 与 n 和置信度有关,而后者可以直接要求指定。置信水平不是一个单纯的数学问题,置信度过大反而无实用价值。

参考文献

[1] 王灿. 环境分析与监测 [M]. 北京:科学出版社,2021.
[2] 吴忠标. 环境监测 [M]. 北京:化学工业出版社,2003.
[3] 奚旦立,孙裕生,刘秀英. 环境监测 [M]. 北京:高等教育出版社,1995.
[4] 黄秀莲,张大年,何燧源. 环境分析与监测 [M]. 北京:高等教育出版社,2001.
[5] 张世森. 环境监测技术 [M]. 北京:高等教育出版社,1992.
[6] 杨承义. 环境监测 [M]. 天津:天津大学出版社,1993.
[7] 吴鹏鸣. 环境监测原理与应用 [M]. 北京:化学工业出版社,1991.
[8] 蒋展鹏,祝万鹏. 环境工程监测 [M]. 北京:清华大学出版社,1990.
[9] 陆明昌,马江燕. 化学实验基本操作 [M]. 武汉:华中科技大学出版社,2012.
[10] 谢宗波,乐长高. 有机化学实验操作与设计 [M]. 上海:华东理工大学出版社,2014.
[11] 贡雪东. 大学化学实验 1 基础知识与技能 [M]. 北京:化学工业出版社,2013.
[12] 孙建民,单金缓,李志林. 基础化学实验 1 基础知识与技能 [M]. 2 版. 北京:化学工业出版社,2015.
[13] 柯强. 化学实验 [M]. 北京:化学工业出版社,2016.
[14] 廖戎,刘兴利. 基础化学实验 [M]. 北京:化学工业出版社,2022.
[15] 杨小敏,刘建平,夏坚. 大学化学实验 [M]. 成都:西南交通大学出版社,2020.
[16] 周丹. 分析化学实验 [M]. 广州:中山大学出版社,2020.
[17] 曾仁权. 基础化学实验 [M]. 北京:科学出版社,2020.
[18] 马祥梅. 有机化学实验 [M]. 北京:化学工业出版社,2020.

第二章

空气质量监测

第一节 气态无机污染物质的测定

实验1 甲醛吸收-副玫瑰苯胺分光光度法测定二氧化硫

一、实验目的和要求

(1) 熟悉大气采样器及吸收液采集大气样品的操作技术。
(2) 掌握甲醛吸收-副玫瑰苯胺分光光度法测定二氧化硫的原理及基本操作。

二、实验原理

二氧化硫被甲醛缓冲溶液吸收后,生成稳定的羟甲基磺酸加成化合物,在样品溶液中加入氢氧化钠使加成化合物分解,释放出的二氧化硫与副玫瑰苯胺、甲醛作用,生成紫红色化合物,用分光光度计在波长577nm处测量吸光度。

具体方法参见 HJ 482—2009。

三、仪器与试剂

(一) 仪器与器皿

(1) 10mL 多孔玻板吸收管,用于短时间采样;50mL 多孔玻板吸收瓶,用于24h连续采样。
(2) 10mL 具塞比色管。
(3) 恒温水浴装置:0~40℃。
(4) 空气采样器:用于短时间采样的普通空气采样器,流量范围为 0.1~1L/min;用于24h连续采样的具有恒温、恒流、自动控制开关功能的空气采样器,流量范围为 0.1~0.5L/min。

（5）其他一般实验室常用仪器与器皿。

（二）试剂

除非另有说明，分析时均使用符合国家标准的分析纯试剂，实验用水为新制备的蒸馏水或同等纯度的水。

（1）碘酸钾（KIO_3），优级纯，经110℃干燥2h。

（2）氢氧化钠溶液，$c(NaOH)=1.5mol/L$：称取6.0g NaOH，溶于100mL水中。

（3）环己二胺四乙酸二钠溶液（CDTA-2Na），$c(CDTA-2Na)=0.05mol/L$：称取1.82g反式1,2-环己二胺四乙酸（CDTA），加入6.5mL 1.5mol/L NaOH溶液，用水稀释至100mL。

（4）甲醛缓冲吸收储备液：吸取36%～38%的甲醛溶液5.5mL，CDTA-2Na溶液20.00mL；称取2.04g邻苯二甲酸氢钾，溶于少量水中；将三种溶液合并，再用水稀释至100mL，储于冰箱可保存1年。

（5）甲醛缓冲吸收液：用水将甲醛缓冲吸收储备液稀释100倍，临用时现配。

（6）氨磺酸钠溶液，$\rho(NaH_2NSO_3)=6.0g/L$：称取0.6g氨磺酸（H_2NSO_3H）置于100mL烧杯中，加入4.0mL 1.5mol/L NaOH，用水搅拌至完全溶解后稀释至100mL，摇匀。此溶液密封可保存10d。

（7）碘储备液，$c(1/2I_2)=0.10mol/L$：称取12.7g碘（I_2）于烧杯中，加入40g碘酸钾和25mL水，搅拌至完全溶解，用水稀释至1000mL，储存于棕色细口瓶中。

（8）碘溶液，$c(1/2I_2)=0.010mol/L$：量取50mL 0.10mol/L碘储备液，用水稀释至500mL，储于棕色细口瓶中。

（9）淀粉溶液，$\rho(淀粉)=5.0g/L$：称取0.5g可溶性淀粉于150mL烧杯中，用少量水调成糊状，慢慢倒入100mL沸水，继续煮沸至溶液澄清，冷却后储于试剂瓶中。

（10）碘酸钾基准溶液，$c(1/6KIO_3)=0.1000mol/L$：准确称取3.5667g碘酸钾溶于水，移入1000mL容量瓶中，用水稀至标线，摇匀。

（11）盐酸溶液，$c(HCl)=1.2mol/L$：量取100mL浓盐酸，加到900mL水中。

（12）硫代硫酸钠标准储备液，$c(Na_2S_2O_3)=0.10mol/L$：称取25.0g硫代硫酸钠（$Na_2S_2O_3·5H_2O$），溶于1000mL新煮沸但已冷却的水中，加入0.2g无水碳酸钠，储于棕色细口瓶中，放置一周待溶液稳定后备用。如溶液呈现浑浊，必须过滤。其浓度须根据HJ 482—2009进行标定。

（13）硫代硫酸钠标准溶液，$c(Na_2S_2O_3)≈0.01000mol/L$：取50.0mL硫代硫酸钠标准储备液置于500mL容量瓶中，用新煮沸但已冷却的水稀释至标线，摇匀。

（14）乙二胺四乙酸二钠盐（EDTA-2Na）溶液，$\rho(EDTA-2Na)=0.50g/L$：称取0.25g乙二胺四乙酸二钠盐（$C_{10}H_{14}N_2O_8Na_2·2H_2O$）溶于500mL新煮沸但已冷却的水中。现配现用。

（15）亚硫酸钠溶液，$\rho(Na_2SO_3)=1g/L$：称取0.2g亚硫酸钠（Na_2SO_3），溶于200mL 0.50g/L EDTA-2Na溶液中，缓缓摇匀以防充氧，使其溶解。放置2～3h后进行后续二氧化硫标准储备液标定步骤。

（16）二氧化硫标准储备液：吸取2.00mL 1g/L亚硫酸钠溶液加到一个已装有40～50mL甲醛缓冲吸收储备液的100mL容量瓶中，并用甲醛缓冲吸收储备液稀释至标线，摇匀。此溶液即为二氧化硫标准储备液，在4～5℃下冷藏，可稳定6个月。其浓度须根据HJ 482—2009进行标定。

（17）二氧化硫标准溶液，$\rho(SO_2)$=1.00μg/mL：用甲醛缓冲吸收液将二氧化硫标准储备液稀释成 1.0μg/mL 二氧化硫的标准溶液。此溶液用于绘制标准曲线，在 4~5℃下冷藏，可稳定 1 个月。

（18）盐酸副玫瑰苯胺（pararosaniline，PRA，即副品红或对品红）储备液，$\rho(PRA)$=2.0g/L。

（19）盐酸副玫瑰苯胺溶液，$\rho(PRA)$=0.50g/L：吸取 25.00mL 2.0g/L 盐酸副玫瑰苯胺储备液于 100mL 容量瓶中，加 30mL 85%的浓磷酸和 12mL 浓盐酸，用水稀释至标线，摇匀，放置过夜后使用。避光密封保存。

（20）盐酸-乙醇清洗液：由 20%盐酸溶液和 95%乙醇按体积比（3∶1）混合配制而成，用于清洗比色管和比色皿。

四、实验步骤

（一）采样

（1）短时间采样：采用内装 10mL 吸收液的多孔玻板吸收管，以 0.5L/min 的流量采样 45~60min。

（2）24h 连续采样：用内装 50mL 吸收液的多孔玻板吸收瓶，以 0.2L/min 的流量连续采样 24h。

（二）标准曲线的绘制

取 14 支 10mL 具塞比色管，分成 A、B 两组，每组各 7 支，分别对应编号。A 组按表 2-1 配制标准系列。

表 2-1 二氧化硫标准系列

管号	0	1	2	3	4	5	6
二氧化硫标准溶液/mL	0.00	0.50	1.00	2.00	5.00	8.00	10.00
甲醛缓冲吸收液/mL	10.00	9.50	9.00	8.00	5.00	2.00	0.00
二氧化硫/μg	0.00	0.50	1.00	2.00	5.00	8.00	10.00

B 组各管加入 1.00mL 0.50g/L PRA 溶液。A 组各管分别加入 0.50mL 6.0g/L 氨磺酸钠溶液和 0.50mL 1.5mol/L 氢氧化钠溶液，混匀，再迅速地依次倒入对应的盛有 PRA 溶液的 B 组各管中，立即加塞混匀后放入恒温水浴装置中显色，显色温度与时间如表 2-2 所示。在 λ=577nm 处，用 1cm 比色皿，以水为参比，以空白校正后的吸光度和二氧化硫含量（μg）分别为纵和横坐标绘制标准工作曲线。

表 2-2 显色温度与时间

显色温度/℃	10	15	20	25	30
显色时间/min	40	25	20	15	5
稳定时间/min	35	25	20	15	10

（三）样品测定

（1）样品溶液中若有浑浊物，应离心分离除去。

（2）短时间采集样品：将吸收管中样品溶液移入 10mL 比色管中，用甲醛缓冲吸收液稀释至标线，加 0.50mL 6.0g/L 氨磺酸钠溶液，混匀，放置 10min 以除去氮氧化物的干扰，以下步骤同"（二）标准曲线的绘制"。

（3）连续 24h 采集样品：将吸收瓶中样品溶液移入 50mL 容量瓶（或比色管）中，用甲醛缓冲吸收液稀释至标线。吸取适量样品溶液（视浓度大小而定）于 10mL 比色管中，用甲醛缓冲吸收液稀释至标线，加入 0.50mL 6.0g/L 氨磺酸钠溶液，混匀，放置 10min 以除去氮氧化物的干扰，以下步骤同"（二）标准曲线的绘制"。

五、实验结果与数据处理

空气中二氧化硫的质量浓度，按照下式计算：

$$\rho(SO_2) = \frac{A - A_0 - a}{bV_s} \times \frac{V_t}{V_a} \tag{2-1}$$

式中　$\rho(SO_2)$——空气中二氧化硫的质量浓度，mg/m^3；
　　　　A——样品溶液的吸光度；
　　　　A_0——试剂空白溶液的吸光度；
　　　　b——校准曲线的斜率，吸光度/μg；
　　　　a——校准曲线的截距（一般要求小于 0.005）；
　　　　V_t——样品溶液的总体积，mL；
　　　　V_a——测定时所取试样的体积，mL；
　　　　V_s——换算成标准状态（273K，101.325kPa）下的采样体积，L。

计算结果准确到小数点后三位。

六、注意事项

（1）采样时吸收液温度应保持在 23～29℃，吸收率为 100%；10～15℃时吸收率偏低 5%；高于 33℃及低于 9℃时吸收率偏低 10%。

（2）短时间采样时，应采取加热保温或降温等办法保持吸收液温度为 23～29℃。若空气中二氧化硫浓度较低，各种试剂用量皆可减半，标准曲线绘制时可做相应处理。

（3）显色温度与室温之差不应超过 3℃，可根据不同季节的室温选择适宜的显色温度和时间。比色管放在恒温水浴装置中显色时，注意使水面高度超过比色管中溶液的液面高度，并且不要超过溶液颜色的稳定时间，否则会影响测定结果准确度。

（4）因六价铬能使紫红色络合物褪色而使测定结果偏低，故应避免用硫酸-铬酸洗液洗涤玻璃器皿。若已洗，可用盐酸溶液（体积比为 1∶1）浸洗，用水充分洗涤，烘干备用。

（5）本实验的主要干扰物为氮氧化物、臭氧及某些重金属元素。采样后样品放置 20min，以使臭氧分解；加入氨磺酸钠溶液可消除氮氧化物的干扰；吸液中加入磷酸及环己二胺四乙酸二钠盐可以消除或减少某些金属离子的干扰。

七、思考题

（1）实验过程中存在哪些干扰？应如何消除？

（2）多孔玻板吸收管的作用是什么？

实验 2　盐酸萘乙二胺分光光度法测定氮氧化物

一、实验目的和要求

（1）了解测定氮氧化物的方法和意义。
（2）掌握盐酸萘乙二胺分光光度法测定氮氧化物的原理及基本操作。

二、实验原理

空气中的二氧化氮被串联的第一只吸收瓶中的吸收液吸收并反应生成粉红色偶氮染料。空气中的一氧化氮不与吸收液反应，通过氧化管时被酸性高锰酸钾溶液氧化为二氧化氮，被串联的第二只吸收瓶中的吸收液吸收并反应生成粉红色偶氮染料。生成的偶氮染料在波长 540nm 处的吸光度与二氧化氮的含量成正比。分别测定第一只和第二只吸收瓶中样品的吸光度，计算两只吸收瓶内二氧化氮和一氧化氮的质量浓度，二者之和即为氮氧化物的质量浓度（以 NO_2 计）。

三、仪器与试剂

（一）仪器与器皿

（1）分光光度计。
（2）空气采样器：用于短时间采样的普通空气采样器，流量范围为 0.1～1L/min；用于 24h 连续采样的具有恒温、恒流、自动控制开关功能的空气采样器，流量范围为 0.1～0.5L/min（同第二章实验 1）。
（3）吸收瓶：可装 10mL、25mL 或 50mL 吸收液的多孔玻板吸收瓶，液柱高度不低于 80mm。图 2-1 所示为较为适用的两种多孔玻板吸收瓶。使用棕色吸收瓶或采样过程中吸收瓶外罩黑色避光罩。新的或使用后的多孔玻板吸收瓶应用盐酸（体积比为 1∶1）浸泡 24h 以上，用清水洗净。
（4）氧化瓶：可装 5mL、10mL 或 50mL 酸性高锰酸钾溶液的洗气瓶，液柱高度不能低于 80mm，使用后用盐酸羟胺溶液浸泡洗涤。图 2-2 所示为较为适用的两种氧化瓶。
（5）硅胶干燥瓶、止水夹、电磁阀、流量计及其他一般实验室常用仪器与器皿。

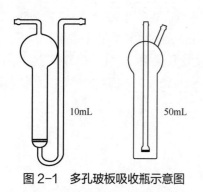

图 2-1　多孔玻板吸收瓶示意图

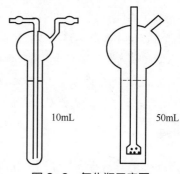

图 2-2　氧化瓶示意图

（二）试剂

除另有说明外，分析时均使用符合国家标准或专业标准的分析纯试剂和无亚硝酸根的蒸馏水、去离子水或相当纯度的水。必要时，实验用水可在全玻璃蒸馏器中以每升水加入 0.5g 高锰酸钾（$KMnO_4$）和 0.5g 氢氧化钡［$Ba(OH)_2$］重蒸。

（1）冰醋酸。

（2）盐酸羟胺溶液，ρ=0.2～0.5g/L。

（3）硫酸溶液，$c(1/2H_2SO_4)$=1mol/L：取 15mL 浓硫酸（$\rho_{20℃}$=1.84g/mL），缓慢加到 500mL 水中，搅拌均匀，冷却备用。

（4）酸性高锰酸钾溶液，$\rho(KMnO_4)$=25g/L：称取 25g 高锰酸钾于 1000mL 烧杯中，加入 500mL 水，稍微加热使其全部溶解，然后加入 500mL 1mol/L 硫酸溶液，搅拌均匀，储于棕色试剂瓶中，临用时现配。

（5）N-(1-萘基)乙二胺盐酸盐储备液，ρ［$C_{10}H_7NH(CH_2)2NH_2·2HCl$］=1.00g/L：称取 0.50g N-(1-萘基)乙二胺盐酸盐于 500mL 容量瓶中，用水溶解稀释至刻度。此溶液储于密闭的棕色瓶中，在冰箱中冷藏，可稳定保存三个月。

（6）显色液：称取 5.0g 对氨基苯磺酸（$NH_2C_6H_4SO_3H$）溶解于约 200mL 40～50℃热水中，将溶液冷却至室温，全部移入 1000mL 容量瓶中，加入 50mL 1.00g/L N-(1-萘基)乙二胺盐酸盐储备液和 50mL 冰醋酸，用水稀释至刻度。此溶液储于密闭的棕色瓶中，在 25℃以下暗处存放可稳定三个月。若溶液呈现淡红色，应弃之重配。

（7）吸收液：使用时将显色液和水按体积比 4∶1 混合，即为吸收液。吸收液的吸光度应小于等于 0.005。

（8）亚硝酸盐标准储备液，$\rho(NO_2^-)$=250μg/mL：准确称取 0.3750g 亚硝酸钠（$NaNO_2$，优级纯，使用前在 105℃±5℃干燥恒重）溶于水，移入 1000mL 容量瓶中，用水稀释至标线。此溶液储于密闭棕色瓶中于暗处存放，可稳定保存三个月。

（9）亚硝酸盐标准工作液，$\rho(NO_2^-)$=2.5μg/mL：准确吸取 1.00mL 250μg/mL 亚硝酸盐标准储备液于 100mL 容量瓶中，用水稀释至标线。临用现配。

四、实验步骤

（一）采样

（1）短时间采样(1h 以内)：取两只内装 10.0mL 吸收液的多孔玻板吸收瓶和一只内装 5～10mL 25g/L 酸性高锰酸钾溶液的氧化瓶（液柱高度不低于 80mm），用尽量短的硅橡胶管将氧化瓶串联在两只吸收瓶之间（图 2-3），以 0.4L/min 流量采气 4～24L。

（2）长时间采样（24h）：取两只大型多孔玻板吸收瓶，装入 25.0mL 或 50.0mL 吸收液（液柱高度不低于 80mm），标记液面位置。取一只内装 50mL 25g/L 酸性高锰酸钾溶液的氧化瓶，按图 2-4 所示接入采样系统，将吸收液恒温在 20℃±4℃，以 0.2L/min 流量采气 288L。

图 2-3 短时间采样（手工采样）系列示意图

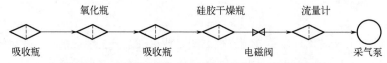

图 2-4　长时间采样（连续自动采样）系列示意图

（二）标准曲线的绘制

取 6 支 10mL 具塞比色管，按表 2-3 配制亚硝酸盐标准溶液系列。分别移取相应体积的 2.5μg/mL 亚硝酸盐标准工作溶液，加水至 2.00mL，加入显色液 8.00mL。

表 2-3　亚硝酸盐标准溶液系列

管号	0	1	2	3	4	5
亚硝酸盐标准工作液/mL	0.00	0.40	0.80	1.20	1.60	2.00
水/mL	2.00	1.60	1.20	0.80	0.40	0.00
显色液/mL	8.00	8.00	8.00	8.00	8.00	8.00
NO_2^- 质量浓度/（μg/mL）	0.00	0.10	0.20	0.30	0.40	0.50

各管混匀，于暗处放置 20min（室温低于 20℃时放置 40min 以上），用 10mm 比色皿，在波长 540nm 处，以水为参比测量吸光度，扣除 0 号管的吸光度以后，对应 NO_2^- 的质量浓度（μg/mL），用最小二乘法计算标准曲线的回归方程。

标准曲线斜率控制在 0.960～0.978 吸光度·mL/μg，截距控制在 0.000～0.005 之间（以 5mL 体积绘制标准曲线时，标准曲线斜率控制在 0.180～0.195 吸光度·mL/μg，截距控制在 0.003 之间）。

（三）空白实验

（1）实验室空白实验：取实验室内未经采样的空白吸收液，用 10mm 比色皿，在波长 540nm 处，以水为参比测定吸光度。实验室空白吸光度 A_0 在显色规定条件下波动范围不超过±15%。

（2）现场空白：同上测定吸光度。将现场空白和实验室空白的测量结果相对照，若现场空白与实验室空白相差过大，查找原因，重新采样。

（四）样品测定

采样后放置 20min，室温 20℃以下时放置 40min 以上，用水将采样瓶中吸收液的体积补充至标线，混匀。用 10mm 比色皿，在波长 540nm 处，以水为参比测量吸光度，同时测定空白样品的吸光度。若样品的吸光度超过标准曲线的上限，应用实验室空白试液稀释，再测定其吸光度，但稀释倍数不得大于 6。

五、实验结果与数据处理

（1）空气中二氧化氮质量浓度 ρ_{NO_2} (mg/m³)按式（2-2）计算：

$$\rho_{NO_2} = \frac{(A_1 - A_0 - a)\,VD}{bfV_0} \tag{2-2}$$

（2）空气中一氧化氮质量浓度 ρ_{NO} (mg/m³)以二氧化氮（NO_2）计，按式（2-3）计算：

$$\rho_{NO} = \frac{(A_2 - A_0 - a)\,VD}{bfV_0K} \tag{2-3}$$

以一氧化氮（NO）计，按式（2-4）计算：

$$\rho'_{NO} = \frac{\rho_{NO} \times 30}{46} \tag{2-4}$$

（3）空气中氮氧化物的质量浓度 ρ_{NO_x} (mg/m³)以二氧化氮（NO₂）计，按式（2-5）计算：

$$\rho_{NO_x} = \rho_{NO_2} + \rho'_{NO} \tag{2-5}$$

式中 A_1、A_2——串联的第一只和第二只吸收瓶中样品的吸光度；

A_0——实验室空白实验的吸光度；

b——标准曲线的斜率，吸光度·mL/μg；

a——标准曲线的截距；

V——采样用吸收液体积，mL；

V_0——换算为标准状态（101.325kPa, 273K）下的采样体积，L；

K——NO→NO₂ 氧化系数，0.68；

D——样品的稀释倍数；

f——Saltzman 实验系数，0.88（当空气中二氧化氮质量浓度高于 0.72mg/m³ 时，f 取 0.77）。

六、注意事项

（1）吸收液应避光，且不能长时间暴露在空气中，以防止光照时吸收液显色或吸收空气中的氮氧化物而使试管空白值增高。

（2）氧化管适于在相对湿度为 30%～70%时使用。当空气相对湿度大于 70%时，应勤换氧化管；小于 30%时，则在使用前用经过水面的潮湿空气通过氧化管，平衡 1h。在使用过程中，应经常注意氧化管是否吸湿引起板结或者变为绿色。若板结会使采样系统阻力增大，影响流量；若变成绿色，表示氧化管已失效。

（3）绘制标准曲线时，应以均匀、缓慢的速度加入亚硝酸盐标准工作液。

七、思考题

（1）本实验应该消除何种干扰？消除方法是什么？请具体说明。

（2）采样时为了防止倒吸应该怎么做？请具体说明。

实验 3　化学发光法测定臭氧

一、实验目的和要求

（1）了解测定臭氧的方法和意义。

（2）掌握化学发光分析法自动测定臭氧的原理及基本操作。

二、实验原理

样品空气以恒定的流量通过颗粒物过滤器进入仪器反应室，臭氧与过量的一氧化氮混合，瞬间反应后发光,在一定浓度范围内样品空气中的臭氧浓度与发光强度成正比。

三、仪器与试剂

(一)仪器与器皿

(1)进样管路:应为不与臭氧发生化学反应的聚四氟乙烯或硼硅酸盐玻璃等材质。

(2)颗粒物过滤器:安装在采样总管与仪器进样口之间。颗粒物过滤器的滤膜材质为聚四氟乙烯,孔径≤5μm;颗粒物过滤器除滤膜外的其他部分应为不与臭氧发生化学反应的聚四氟乙烯或硼硅酸盐玻璃等材质。仪器如内置颗粒物过滤器,则不需要外置颗粒物过滤器。

(3)臭氧分析仪:臭氧测量系统见图2-5。

(4)其他一般实验室常用仪器与器皿。

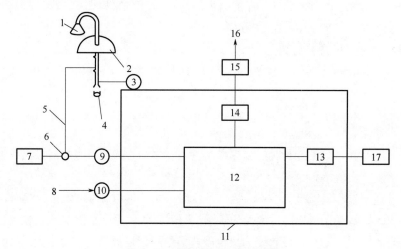

图2-5 臭氧测量系统示意图

1—进气口;2—房顶;3—风机;4—除湿装置;5—进样管路;6—三通阀;7—传递标准;8—一氧化氮进口;9—颗粒物过滤器;10—流量控制器;11—臭氧分析仪;12—反应室;13—信号输出;14—流量控制器;15—泵;16—排空口;17—数据输出

(二)试剂

(1)一氧化氮,摩尔分数 x_{NO} =10000μmol/mol,误差在±10%以内,用纯度不低于99.999%的氮气配制,储存在钢瓶中。

(2)滤膜:材质为聚四氟乙烯,孔径≤5μm。

(3)零气:由零气发生装置产生,也可由零气钢瓶提供,性能指标应符合HJ 654相关要求。如果使用合成空气,其中氧气的浓度应为合成空气的20.9%±2.0%。

(4)氮气:纯度≥99.999%。

四、实验步骤

(一)调试仪器

调试指标包括零点噪声、检出限、量程噪声、示值误差、量程精密度、24h零点漂移和24h量程漂移,调试按照HJ 193相关要求执行。

（二）检查仪器

仪器运行过程中需按照 HJ 818 进行零点检查、量程检查、线性检查和流量检查。如果检查结果不合格，需对仪器进行校准，必要时对仪器进行维修。仪器维修完成后，应进行线性检查，并重新校准。

（三）校准

（1）确定仪器量程。臭氧分析仪量程应根据当地不同季节臭氧实际浓度水平确定，当臭氧浓度低于量程的 20% 时，应选择更低的量程。

（2）校准步骤。

① 将零气通入臭氧分析仪，待读数稳定后，调整臭氧分析仪输出值等于零。

② 连接臭氧传递标准出气口和臭氧分析仪进气口，使臭氧传递标准发生的臭氧浓度为臭氧分析仪使用量程的 80%，读数稳定后，调整臭氧分析仪的输出值。若使用发生型臭氧传递标准，使臭氧分析仪的输出值等于臭氧传递标准发生的臭氧浓度；若使用分析型臭氧传递标准，使臭氧分析仪的输出值等于臭氧传递标准测定的实际臭氧浓度。

（四）样品的测定

将样品空气通入臭氧分析仪，自动测定并记录臭氧浓度。

五、实验结果与数据处理

臭氧的质量浓度按照下式计算：

$$\rho = \frac{48}{V_m} x_{O_3} \tag{2-6}$$

式中　ρ ——臭氧的质量浓度，μg/m³；

　　　48——臭氧的摩尔质量，g/mol；

　　　V_m ——环境质量标准规定状态下臭氧的摩尔体积（标准状态下为 22.4，参比状态下为 24.5），L/mol；

　　　x_{O_3} ——臭氧的摩尔分数，nmol/mol。

测定结果保留整数位。

六、注意事项

（1）当臭氧分析仪与二氧化氮（氮氧化物）分析仪同时使用时，在臭氧分析仪排空口连接装有氧化剂和活性炭的净化罐，去除反应气中过量的一氧化氮和生成的二氧化氮。净化罐应定期更换。当检测氮氧化物时，过量的臭氧应通过活性炭去除。

（2）更换采样系统部件或滤膜后，应以正常流量采集至少 10min 样品空气，进行饱和吸附处理，期间产生的测定数据不作为有效数据。该处理过程也可在实验室内进行。

（3）空气中的颗粒物可能会在采样管路或反应室中积累，进而干扰臭氧的测定，可通过定期清洗采样管路和加装颗粒物过滤器消除颗粒物的影响。

七、思考题

（1）化学发光法的原理是什么？该方法有何优点？请具体说明。

（2）如何实现臭氧与氮氧化物的同时分析？

实验 4　非分散红外法测定一氧化碳

一、实验目的和要求

（1）了解测定一氧化碳的方法和意义。
（2）掌握非分散红外法自动测定一氧化碳的原理及基本操作。

二、实验原理

样品空气以恒定的流量通过颗粒物过滤器进入仪器反应室，一氧化碳选择性吸收以 4.7μm 为中心波段的红外光，在一定的浓度范围内，红外光吸光度与一氧化碳浓度成正比。

三、仪器与试剂

（一）仪器与器皿

（1）进样管路：应为不与一氧化碳发生化学反应的聚四氟乙烯、氟化聚乙烯丙烯、不锈钢或硼硅酸盐玻璃等材质。

（2）颗粒物过滤器：安装在采样总管与仪器进样口之间。过滤器除滤膜外的其他部分应为不与一氧化碳发生化学反应的聚四氟乙烯、氟化聚乙烯丙烯、不锈钢或硼硅酸盐玻璃等材质。仪器如有内置颗粒物过滤器，则不需要外置颗粒物过滤器。

（3）一氧化碳测定仪：性能指标应符合 HJ 654—2013 的要求。一氧化碳测量系统见图 2-6。

（4）其他一般实验室常用仪器与器皿。

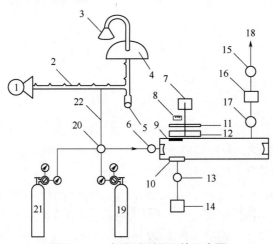

图 2-6　一氧化碳测量系统示意图

1—风机；2—多支管；3—进气口；4—房顶；5—除湿装置；6—颗粒物过滤器；7—电机；8—红外光源；9—带通滤波器；10—红外检测器；11—截光器；12—相关轮；13—放大器；14—数据输出；15—泵；16—流量控制器；17—流量计；18—排空口；19—标准气体；20—四通阀；21—零气；22—进样管路

（二）试剂

（1）零气：由零气发生装置产生，也可由零气钢瓶提供，零气的性能指标应符合 HJ 654 的要求。如果使用合成空气，其中氧的浓度应为合成空气的 20.9%±2%。

（2）标准气体：有证标准物质，单位为 µmol/mol。

（3）滤膜：材质为聚四氟乙烯，孔径≤5µm。

四、实验步骤

（一）仪器的安装调试

调试指标包括零点噪声、最低检出限、量程噪声、示值误差、量程精密度、24h 零点漂移和 24h 量程漂移，调试方法和指标按照 HJ 193 执行。

（二）检查

仪器使用过程中需进行零点检查、量程检查和线性检查，检查按照 HJ 818 执行。

（三）校准

（1）确定仪器量程。仪器量程应根据当地不同季节一氧化碳实际浓度水平确定。当一氧化碳浓度低于量程的 20%时，应选择更低的量程。

（2）校准步骤。

① 将零气通入仪器，读数稳定后，调整仪器输出值等于零。

② 将浓度为量程 80%的标准气体通入仪器，读数稳定后，调整仪器输出值等于标准气体浓度值。

（四）样品的测定

将样品空气通入仪器进行自动测定并记录一氧化碳浓度。

五、实验结果与数据处理

一氧化碳的质量浓度按照式（2-7）进行计算：

$$\rho = \frac{28}{24.5}\varphi \tag{2-7}$$

式中　ρ——一氧化碳质量浓度，mg/m³；

　　　28——一氧化碳摩尔质量，g/mol；

　　　24.5——参比状态下一氧化碳摩尔体积，L/mol；

　　　φ——一氧化碳体积浓度，µmol/mol。

测定结果的小数位数与检出限一致，最多保留三位有效数字。

六、注意事项

（1）更换采样系统部件和滤膜后，应以正常流量采集至少 10min 样品空气，进行饱和吸附处理，期间产生的测定数据不作为有效数据。

（2）水蒸气会对测定产生干扰，可通过冷却或窄带滤光器去除。

（3）当环境空气中二氧化碳浓度为 610mg/m³ 时，产生的干扰相当于 0.2mg/m³ 的一氧化碳，可用碱石灰去除。环境空气中的碳氢化合物一般对一氧化碳测定无干扰。当环境空气中甲烷浓度为 326mg/m³ 时，产生的干扰相当于 0.6mg/m³ 的一氧化碳。

七、思考题

（1）实验过程中存在哪些干扰？应该如何消除？

（2）除非分散红外法外，还有哪些方法可实现环境空气中一氧化碳的测定？

第二节　气态和蒸气态有机污染物质的测定

实验5　乙酰丙酮分光光度法测定甲醛

一、实验目的和要求

（1）了解环境空气中有机污染物分析的前处理方法。

（2）掌握乙酰丙酮分光光度法测定甲醛的原理及基本操作。

二、实验原理

甲醛气体经水吸收后，在 pH=6 的乙酸-乙酸铵缓冲溶液中与乙酰丙酮作用，在沸水浴条件下迅速生成稳定的黄色化合物，在波长 413nm 处测定。

三、仪器与试剂

（一）仪器与器皿

（1）空气采样器：用于短时间采样的普通空气采样器，流量范围为 0.1～1L/min；用于 24h 连续采样的具有恒温、恒流、自动控制开关功能的空气采样器，流量范围为 0.1～0.5L/min（同第二章 实验1）。

（2）皂膜流量计、分光光度计、pH 酸度计。

（3）50mL 或 125mL 多孔玻板吸收管。

（4）标准皮托管、倾斜式微压计、采样引气管、空盒气压表、水银温度计、水浴锅。

（5）其他一般实验室常用仪器与器皿。

（二）试剂

除非另有说明，分析时均使用符合国家标准的分析纯试剂和下列不含有机物的蒸馏水。

（1）不含有机物的蒸馏水：加少量高锰酸钾的碱性溶液于水中再行蒸馏即得（在整个蒸馏过程中水应始终保持红色，否则应随时补加高锰酸钾）。

（2）吸收液：不含有机物的重蒸馏水。

（3）乙酸铵（NH_4CH_3COO）。

（4）冰醋酸（CH_3COOH）：ρ=1.055g/mL。

（5）乙酰丙酮（$C_5H_8O_2$）：ρ=0.975g/mL。

（6）乙酰丙酮溶液，0.25%（体积分数）：称取25g乙酸铵，加少量水溶解，加3mL冰醋酸及0.25mL新蒸馏的乙酰丙酮，混匀后再加水至100mL，调整pH=6.0，此溶液于2～5℃储存，可稳定一个月。

（7）盐酸（HCl）溶液：将浓盐酸（ρ=1.19g/mL）与水按体积比（1∶5）混合配制而成。

（8）氢氧化钠（NaOH）溶液：30g/100mL。

（9）碘（I_2）溶液，$c(I_2)$=0.1mol/L：称取40g碘化钾溶于10mL水，加入12.7g碘，溶解后转移至1000mL容量瓶，用水稀释定容。

（10）碘化钾（KI）溶液：10g/100mL。

（11）碘酸钾（KIO_3）溶液，$c(1/6KIO_3)$=0.1000mol/L：称取3.567g经110℃干燥2h的碘酸钾（优级纯）溶于水，于1000mL容量瓶稀释定容。

（12）淀粉溶液，1g/100mL：称取1g淀粉，用少量水调成糊状，倒入100mL沸水中，呈透明溶液，临用时配制。

（13）硫代硫酸钠溶液，$c(Na_2S_2O_3)$=0.1mol/L：称取25g硫代硫酸钠（$Na_2S_2O_3 \cdot 5H_2O$）和2g碳酸钠（Na_2CO_3）溶解于1000mL新煮沸但已冷却的水中，储于棕色试剂瓶中，放一周后过滤，并根据碘量法标定其浓度。

（14）甲醛溶液：含甲醛36%～38%。

（15）甲醛标准储备液：取10mL甲醛溶液置于500mL容量瓶中，用水稀释定容。使用前需进行标定。

（16）甲醛标准使用液：用水将甲醛标准储备液稀释成5.00μg/mL甲醛标准使用液，2～5℃储存，可稳定一周。

具体参照 GB/T 15516—1995。

四、实验步骤

（一）样品采集

（1）采样。采样系统由采样引气管、采样吸收管、空气采样器串联组成。吸收管体积为50mL或125mL，吸收液装液量分别为20mL或50mL，以0.5～1.0L/min的流量采气5～20min。采集好的样品于2～5℃储存，需在2d内分析完毕，以防止甲醛被氧化。

（2）流量校准。在采样时用皂膜流量计对空气采样器进行流量校准。

（3）采样体积的计算。采样体积 V_m(L) 按下式计算。

$$V_m = Q'_r n \tag{2-8}$$

式中　Q'_r——经校准后的流量，L/min；

　　　n——采样时间，min。

（4）压力测量。连接标准皮托管和倾斜式微压计进行压力测量，空气采样用空盒气压表进行气压读数，废气或空气压力以 P_m(kPa) 表示。

（5）温度测量。用水银温度计测量管道废气或空气温度，以 t_m(℃) 表示。

（6）体积校准。采气标准状态体积 V_{nd}(L) 按下式计算。

$$V_{nd} = V_m \times 2.694 \times \frac{101.325 + P_m}{273 + t_m} \tag{2-9}$$

式中　V_m——废气或空气采样体积，L；
　　　P_m——废气或空气压力，kPa；
　　　t_m——废气或空气温度，℃；
　　　V_{nd}——废气或空气采样体积（0℃，101.325kPa），L。

（二）校准曲线的绘制

取 7 支 25mL 具塞比色管，将一定体积 5.00μg/mL 的甲醛溶液按表 2-4 配制成标准系列。

表 2-4　甲醛溶液标准系列配制

管号	0	1	2	3	4	5	6
甲醛/mL	0	0.2	0.8	2.0	4.0	6.0	7.0
甲醛/μg	0	1.0	4.0	10.0	20.0	30.0	35.0

于上述标准系列中，用水稀释定容至 10.0mL 刻线，加入 20mL 0.25%乙酰丙酮溶液，混匀，置于沸水浴中加热 3min，取出冷却至室温，用 1cm 吸收池，以水为参比，于波长 413nm 处测定吸光度。将上述系列标准溶液测得的吸光度 A 值扣除试剂空白（零浓度）的吸光度 A_0，便得到校准吸光度 y 值，以 y 为纵坐标，以甲醛含量 $x(\mu g)$ 为横坐标，绘制校准曲线，或用最小二乘法计算其回归方程式。

$$y = bx + a \tag{2-10}$$

式中　a——校准曲线截距；
　　　b——校准曲线斜率。

由斜率倒数求得校准因子：$B_s = 1/b$。

（三）样品测定

将吸收后的样品溶液移入 50mL 或 100mL 容量瓶中，用水稀释定容，取少于 10mL 试样（吸取量视试样浓度而定），于 25mL 比色管中，用水定容至 10.0mL 刻线，以下按"（二）校准曲线的绘制"步骤进行分光光度测定。

空白实验用现场未采样空白吸收管的吸收液进行空白测定。

五、实验结果与数据处理

试样中甲醛的吸光度 y 用下式计算。

$$y = A_s - A_b \tag{2-11}$$

式中　A_s——样品测定吸光度；
　　　A_b——空白实验吸光度。

试样中甲醛含量 $x(\mu g)$ 用下式计算。

$$x = \frac{y-a}{b} \times \frac{V_1}{V_2} \tag{2-12}$$

式中　V_1——定容体积，mL；
　　　V_2——测定取样体积，mL。

废气或环境空气中甲醛浓度 C (mg/m³)用下式计算。

$$C = \frac{x}{V_{nd}} \tag{2-13}$$

式中　V_{nd}——所采气样标准状态（0℃，101.325kPa）体积，L。

六、注意事项

日光照射能使甲醛氧化，因此在采样时选用棕色吸收管，在样品运输和存放过程中都应采取避光措施。

七、思考题

（1）为什么需要做空白实验？
（2）甲醛的测定过程中有哪些影响因素？请举例说明。

实验6　活性炭吸附/二硫化碳解吸-气相色谱法测定苯系物

一、实验目的和要求

（1）熟悉活性炭吸附/二硫化碳解吸的预处理过程与气相色谱仪的结构及工作原理。
（2）掌握气相色谱法测定苯系物的原理及基本操作。

二、实验原理

用活性炭采样管富集环境空气和室内空气中苯系物，二硫化碳（CS_2）解吸，使用带有氢火焰离子化检测器（FID）的气相色谱仪测定分析。

三、仪器与试剂

（一）仪器与器皿

（1）气相色谱仪：配有 FID 检测器。
（2）色谱柱。
填充柱：材质为硬质玻璃或不锈钢，长 2m，内径 3～4mm，内填充涂覆 2.5%邻苯二甲酸二壬酯（DNP）和 2.5%有机皂土-34(bentane)的 Chromsorb G·DMCS（80～100 目）。
毛细管柱：固定液为聚乙二醇（PEG-20M），30m×0.32mm，膜厚 1.00μm 或等效毛细管柱。
（3）采样装置：无油采样泵，能在 0～1.5L/min 内精确保持流量。
（4）活性炭采样管：分为采样段和指示段。
（5）微量进样器：1～5μL，精度 0.1μL。
（6）磨口具塞试管：5mL。
（7）其他一般实验室常用仪器和器皿。

（二）试剂

除非另有说明，分析时均使用符合国家标准的分析纯试剂。

（1）二硫化碳：分析纯，经色谱鉴定无干扰峰。

（2）标准储备液：取适量色谱纯的苯、甲苯、乙苯、邻二甲苯、间二甲苯、对二甲苯、异丙苯和苯乙烯配制于一定体积的二硫化碳中，也可使用有证标准溶液。

（3）载气：氮气，纯度99.999%，用净化管净化。

（4）燃烧气：氢气，纯度99.99%。

（5）助燃气：空气，用净化管净化。

四、实验步骤

（一）样品采集

（1）采样前应对采样器进行流量校准。在采样现场，将一支采样管与空气采样装置相连，调整采样装置流量，此采样管仅作为调节流量用，不用作采样分析。

（2）敲开活性炭采样管的两端，将采样段与采样器相连，检查采样系统的气密性。以 0.2～0.6L/min 的流量采气 1～2h（废气采样时间 5～10min）。若现场大气中含有较多颗粒物，可在采样管前连接过滤头。同时记录采样器流量、当前温度、气压及采样时间和地点。

（3）采样完毕前，再次记录采样流量，取下采样管，立即用聚四氟乙烯帽密封。

（4）现场空白样品的采集：将活性炭采样管运输到采样现场，敲开两端后立即用聚四氟乙烯帽密封，并同已采集样品的活性炭采样管一同存放并带回实验室分析。每次采样都应至少做一个现场空白样品。

（5）采集好样品后，立即用聚四氟乙烯帽将活性炭采样管的两端密封，避光密闭保存，室温下 8h 内测定。否则放入密闭容器中，保存于-20℃冰箱中，保存期限为1d。

（二）分析步骤

（1）样品的解吸。将活性炭采样管两段取出，分别放入磨口具塞试管中，每个试管中各加入 1.00mL 二硫化碳密闭，轻轻振动，在室温下解吸 1h，待测。

（2）分析条件。

① 填充柱气相色谱法参考条件。载气流速：50mL/min；进样口温度：150℃；检测器温度：150℃；柱温：65℃；氢气流量：40mL/min；空气流量：400mL/min。

② 毛细管柱气相色谱法测定条件。柱箱温度：65℃保持 10min，以 5℃/min 速率升温到 90℃ 保持 2min；柱流量：2.6mL/min；进样口温度：150℃；检测器温度：250℃；尾吹气流量：30mL/min；氢气流量：40mL/min；空气流量：400mL/min。

（3）校准曲线的绘制。分别取适量的标准储备液，稀释到1.00mL 的二硫化碳中，配制质量浓度依次为 0.5μg/mL、1.0μg/mL、10μg/mL、20μg/mL 和 50μg/mL 的校准系列。分别取标准系列溶液 1.0μL 注射到气相色谱仪进样口。根据各目标组分质量和响应值绘制校准曲线。标准色谱图可参照 HJ 584—2010。

（4）样品测定。取制备好的试样 1.0μL，注射到气相色谱仪中，调整分析条件，目标组分经色谱柱分离后由 FID 进行检测，记录色谱峰的保留时间和响应值。现场空白活性炭采样管与已采样的样品管同批测定。

五、实验结果与数据处理

气体中目标化合物浓度，按照下式进行计算。

$$\rho = \frac{(w - w_0) V}{V_{nd}} \tag{2-14}$$

式中 ρ ——气体中被测组分质量浓度，mg/m^3；

w ——由校准曲线计算的样品解吸液的质量浓度，$\mu g/mL$；

w_0 ——由校准曲线计算的空白解吸液的质量浓度，$\mu g/mL$；

V ——解吸液体积，mL；

V_{nd} ——标准状态（101.325kPa，273.15K）下的采样体积，L。

当测定结果<$0.1mg/m^3$时，保留到小数点后四位；当结果≥$0.1mg/m^3$时，保留三位有效数字。

六、注意事项

当空气中水蒸气或水雾太大，以致在活性炭采样管中凝结时，会影响其穿透体积及采样效率，故空气湿度应小于90%。

七、思考题

（1）本方法是否可用于环境空气中其他挥发性有机物的测定？请举例说明。

（2）如何计算活性炭采样管的吸附效率？

（3）环境空气中苯系物的采集是否还有其他的方式？

实验7 高效液相色谱法测定多环芳烃

一、实验目的和要求

（1）了解高效液相色谱仪的结构和工作原理。

（2）掌握高效液相色谱法测定多环芳烃的原理及基本操作。

二、实验原理

气相和颗粒物中的多环芳烃分别收集于采样筒与玻璃（或石英）纤维滤膜/筒，采样筒和滤膜/筒用乙醚/正己烷的混合溶剂提取，提取液经过浓缩、硅胶柱或弗罗里硅土柱等方式净化后，用具有荧光/紫外检测器的高效液相色谱仪分离检测。

三、仪器与试剂

（一）仪器与器皿

（1）液相色谱仪（HPLC）：具有可调波长紫外检测器或荧光检测器和梯度洗脱功能。

（2）色谱柱：C_{18}柱，4.60mm×250mm，填料粒径为5.0μm的反相色谱柱或其他性能相近的色谱柱。

（3）环境空气采样设备：采样装置由采样头、采样泵和流量计组成。

（4）采样泵：具有自动累计流量，自动定时，断电再启功能。正常采样情况下，大流量采样器负载可以达到225L/min以上，中流量采样器负载可以达到100L/min以上。能够将环境空气抽吸到玻璃纤维滤膜及其后面的吸附材料（包括聚氨酯泡沫+XAD-2树脂+聚氨酯泡沫）上，在连续采样24h期间至少能够采集到144m³的空气样品。

（5）流量计：可设定流量不低于100L/min，采样前须对采样流量进行校准。

（6）采样头：由滤膜夹和吸附剂套筒两部分组成。

（7）索氏提取器：1～2个2000mL的索氏提取器用于吸附剂的净化；若干个500mL或1000mL的索氏提取器用于提取样品。亦可采用其他性能相当的提取装置。

（8）恒温水浴装置：控制温度精度在±5℃。

（9）浓缩装置：旋转蒸发装置或K-D浓缩器、有机样品浓缩仪等性能相当的设备。

（10）固相萃取净化装置。

（11）玻璃色谱柱：长350mm，内径20mm，底部具有PTFE活塞的玻璃柱。

（12）微量注射器：10μL、50μL、100μL、250μL。

（13）气密性注射器：500μL、1000μL。

（14）其他一般实验室常用仪器与器皿。

（二）试剂

除非另有说明，分析时均使用符合国家标准的分析纯化学试剂和蒸馏水。

（1）乙腈（CH_3CN）：色谱纯。

（2）甲醇（CH_3OH）：色谱纯。

（3）二氯甲烷（CH_2Cl_2）：色谱纯。

（4）正己烷（C_6H_{14}）：色谱纯。

（5）乙醚（$C_2H_5OC_2H_5$）：色谱纯。

（6）丙酮（CH_3COCH_3）：色谱纯。

（7）无水硫酸钠（Na_2SO_4）：在马弗炉中于450℃下烘烤2h，冷却后，储于磨口玻璃瓶中密封保存。

（8）多环芳烃标准储备液，ρ=200μg/mL：直接购买市售有证标准溶液，包括萘、苊烯、苊、芴、菲、蒽、荧蒽、芘等。

（9）多环芳烃标准使用液，ρ=20.0μg/mL：量取1.0mL多环芳烃标准储备液于10mL容量瓶中，用乙腈稀释至刻度，混匀。

（10）十氟联苯标准储备液，ρ=1000μg/mL：替代物，亦可采用其他类似物。可直接购买市售有证标准溶液或用标准物质配制。

（11）十氟联苯标准使用液，ρ=40.0μg/mL：量取1.0mL十氟联苯标准储备液于25mL容量瓶中，用乙腈稀释至刻度，混匀。

（12）样品提取液：乙醚和正己烷按体积比（1∶9）混合。

（13）色谱柱洗脱液：二氯甲烷和正己烷按体积比（2∶3）混合。

（14）固相柱洗脱液：二氯甲烷和正己烷按体积比（1∶1）混合。

（15）颗粒物采样材料：包括超细玻璃（或石英）纤维滤膜、超细玻璃纤维滤筒或石英滤筒。

（16）吸附树脂：XAD-2树脂，苯乙烯-二乙烯基苯聚合物。XAD-2大孔树脂的处理方法：使用前用二氯甲烷回流提取16h后，更换二氯甲烷继续回流提取16h，再用乙醚和正己烷（体积比为1∶9）混合回流提取16h，然后放置在通风橱中将溶剂挥干（或采用50℃真空干燥8h），于干净广口玻璃瓶中密封保存。

（17）聚氨基甲酸乙酯泡沫（PUF）：聚醚型，密度为22～25mg/cm³，切割成长10～20mm的圆柱形（直径可根据玻璃采样筒的规格确定）。使用前需经预处理。

（18）硅胶：用于色谱分离，100～200目。使用前放在浅盘中130℃烘烤活化16h，在干燥器中冷却后，装入玻璃瓶中备用。必要时，活化前使用二氯甲烷浸洗硅胶。

（19）硅胶柱：1000mg/6.0mL。

（20）弗罗里硅土柱：1000mg/6.0mL。

（21）玻璃棉：使用前用二氯甲烷浸洗，挥去溶剂，密封保存。

（22）氮气，纯度≥99.999%，用于样品的干燥浓缩。

具体参照HJ 647—2013。

四、实验步骤

（一）采样

五环以上的多环芳烃主要存在于颗粒物上，可用玻璃（或石英）纤维滤膜/滤筒采集；二环、三环多环芳烃主要存在于气相，可以穿过玻璃（或石英）纤维滤膜/滤筒，可用XAD-2树脂和PUF采集；四环多环芳烃同时存在于气相和颗粒物中，必须用玻璃（或石英）纤维滤膜/筒、树脂和PUF采集样品。

环境空气现场采样前要对采样器的流量进行校正，依次安装好滤膜夹、吸附剂套筒，连接于采样器，调节采样流量后开始采样。采样结束后打开采样头上的滤膜夹，用镊子轻轻取下滤膜，采样面向里对折，从吸附剂套筒中取出采样筒，与对折的滤膜一同用铝箔纸包好，放入原来的盒中密封。采样后进行流量校正。

样品采集后应避光于4℃以下冷藏，7d内提取完毕；−15℃以下保存时，需在30d内完成提取。

（二）样品前处理

（1）提取。将玻璃纤维滤膜（或滤筒）、装有树脂和PUF的玻璃采样筒放入索氏提取器中，在PUF上加0.1mL 40.0μg/mL十氘联苯标准使用液，加入适量乙醚和正己烷样品提取液（体积比为1∶9），以每小时回流不少于4次的速度提取16h。回流完毕后，冷却至室温，取出底瓶，清洗提取器及接口处，将清洗液一并转移入底瓶，于提取液中加入无水硫酸钠至硫酸钠颗粒可自由流动，放置30min，脱水干燥。固定源排气的冷凝水转移到分液漏斗中，用正己烷冲洗冷凝水收集瓶，一并转移到分液漏斗中，加入正己烷或二氯甲烷萃取，萃取液与上述底瓶内提取液合并。

（2）浓缩。将提取液转移至浓缩瓶中，在45℃以下用浓缩装置浓缩至1mL，如需净化，加入5～10mL正己烷，重复此浓缩过程3次，将溶剂完全转换为正己烷，最后浓缩至1mL，待净化。如不需净化，浓缩至0.5～1.0mL，加入3mL乙腈，再浓缩至1mL以下，将溶剂完全转换为乙腈，最后准确定容到1.0mL待测。制备的样品在4℃以下冷藏保存，30d内完成分析。

（3）色谱柱净化。硅胶色谱柱净化：玻璃色谱柱依次填入玻璃棉，以二氯甲烷为溶剂湿法填充

10g 硅胶，最后填 1～2cm 无水硫酸钠。柱子装好后用 20～40mL 二氯甲烷冲洗色谱柱 2 次，确保液面保持在硫酸钠表面以上，不能流干，再用 40mL 正己烷冲洗色谱柱，关闭活塞。将浓缩后的样品提取溶液转移到柱内，用约 3mL 正己烷清洗装样品的浓缩瓶，并转移到色谱柱内，弃去流出液；用 25mL 正己烷洗脱色谱柱，弃去流出液；再用 30mL 二氯甲烷/正己烷淋洗液洗脱色谱柱，以 2～5mL/min 流速接收流出液。洗脱液转移至浓缩瓶中，浓缩至 0.5～1.0mL，加入 3mL 乙腈，再浓缩至 1mL 以下，将溶剂完全转换为乙腈，最后准确定容到 1.0mL 待测。制备的样品在 4℃ 以下冷藏保存，30d 内完成分析。

硅胶或弗罗里硅土固相萃取柱净化：用 1g 硅胶柱或弗罗里硅土柱作为净化柱，将其固定在固相萃取净化装置上。先用 4mL 二氯甲烷冲洗净化柱，再用 10mL 正己烷平衡净化柱，待柱内充满正己烷后关闭流速控制阀浸润 5min，打开控制阀，弃去流出液。在溶剂流干之前，将浓缩后的样品提取液加入柱内，再用约 3mL 正己烷分 3 次洗涤装样品的浓缩瓶，将洗涤液一并加到柱上，用 10mL 二氯甲烷/正己烷洗脱液洗涤吸附有样品的净化柱，待洗脱液流过净化柱后关闭流速控制阀，浸润 5min，再打开控制阀，继续接收洗脱液至完全流出。浓缩至 0.5～1.0mL 后，加入 3mL 乙腈，再浓缩至 1mL 以下，最后准确定容到 1.0mL 待测。制备的样品在 4℃ 以下冷藏保存，30d 内完成分析。

（三）分析步骤

（1）参考色谱条件。梯度洗脱程序：65%乙腈+35%水，保持 27min；以 2.5%乙腈/min 的增量至 100%乙腈，保持至出峰完毕；流动相流量：1.2mL/min；柱温：30℃；紫外检测器推荐波长：254nm、220nm、230nm 和 290nm；荧光检测器推荐波长：采取多波长编程程序。

（2）标准曲线的绘制。标准系列的制备：取一定量多环芳烃标准使用液和十氟联苯标准使用液溶于乙腈中，制备至少 5 个浓度点的标准系列，多环芳烃质量浓度分别为 0.1μg/mL、0.5μg/mL、1.0μg/mL、5.0μg/mL、10.0μg/mL，储存在棕色小瓶中，于冷暗处存放。

标准曲线：通过自动进样器或样品定量环分别移取 10μL 5 种浓度的标准使用液，注入液相色谱，得到各不同浓度多环芳烃的色谱图。以峰高或峰面积为纵坐标，浓度为横坐标，绘制标准曲线。标准曲线的相关系数应≥0.999。标准样品的色谱图可参照 HJ 647—2013。

（四）样品测定

取 10μL 待测样品注入高效液相色谱仪中，记录色谱峰的保留时间和峰高（或峰面积）。在分析样品的同时应作空白实验。

五、实验结果与数据处理

按式（2-15）计算标准状态（0℃，101.325kPa）下的采样体积（V_s）。

$$V_s = V_m \frac{P_A}{101.325} \frac{273}{273+t_A} \quad (2\text{-}15)$$

式中　V_s——0℃，101.325kPa 下的采样总体积，m^3；

V_m——在测定温度、压力下的样品总体积，m^3；

P_A——采样时环境大气压，kPa；

t_A——采样时环境温度，℃。

$$\rho = \frac{\rho_i V \mathrm{DF}}{V_s} \tag{2-16}$$

式中 ρ ——样品中目标化合物的质量浓度，$\mu g/m^3$；

ρ_i ——从标准曲线得到目标化合物的质量浓度，$\mu g/mL$；

V ——样品的浓缩体积，mL；

V_s ——标准状况下的采样总体积，m^3；

DF——稀释因子（目标化合物的浓度超出曲线，进行稀释）。

采用式（2-16）计算环境空气样品时，将结果乘以1000，单位转换为 ng/m^3。当测定结果 $\geqslant 1.00 ng/m^3$ 时，结果保留三位有效数字；当其值 $\leqslant 1.00 ng/m^3$ 时，结果保留至小数点后两位。

六、注意事项

（1）本实验分析对象为致癌物，在实验过程中要做好防护措施。

（2）净化过程中柱内液体不能流干。

（3）样品采集、储存和处理过程中热、臭氧、氮氧化物、紫外光等都会引起多环芳烃的降解，需要密闭、低温、避光保存。

七、思考题

（1）多环芳烃有哪些分析方法？高效液相色谱分析法的优点是什么？

（2）在多环芳烃的采样和测定过程中需注意哪些影响因素？

实验8 高分辨气相色谱-高分辨质谱法测定有机氯农药

一、实验目的和要求

（1）了解高分辨气相色谱-高分辨质谱联用仪的结构和工作原理。

（2）掌握气相色谱-高分辨质谱法测定有机氯农药的原理及基本操作。

二、实验原理

采用主动采样器将环境空气颗粒物和气相中的有机氯农药采集到滤膜和聚氨酯泡沫（PUF）上，向采样后的滤膜和PUF上加入同位素标记的提取内标，用正己烷-二氯甲烷混合溶剂提取，提取液经浓缩、净化等操作后，向其中加入同位素标记的进样内标，采用高分辨气相色谱-高分辨质谱分离检测，根据保留时间和监测离子丰度比定性，采用同位素稀释法定量。

三、仪器与试剂

（一）仪器与器皿

（1）采样器：满足HJ 691对采样器的相关要求，具有自动累计采样体积，且可根据气温、气压自动换算累计标况采样体积的功能，应具有自动定时、断电再启、自动补偿由于电压波动和阻力变化引起的流量变化的功能。

（2）采样头：满足 HJ 691 对采样头的相关要求。采样头主要由滤膜及滤膜支撑部分、装填吸附剂的采样筒、采样筒架及硅橡胶密封圈等组成。

（3）高分辨气相色谱仪和高分辨质谱仪。

（4）前处理装置：包括样品提取装置、真空干燥箱、浓缩装置、固相萃取装置等。

（5）其他一般实验室常用仪器与器皿。

（二）试剂

除非另有说明，分析时均使用符合国家标准的优级纯试剂，实验用水为新制备的纯水。

（1）丙酮（C_3H_6O）：农残级。

（2）正己烷（C_6H_{14}）：农残级。

（3）二氯甲烷（CH_2Cl_2）：农残级。

（4）壬烷（C_9H_{20}）：农残级。

（5）甲苯（C_7H_8）：农残级。

（6）正己烷-二氯甲烷混合溶剂：正己烷和二氯甲烷按 1∶1（体积比）混合。

（7）无水硫酸钠（Na_2SO_4）：在马弗炉中 400℃烘烤 4h，冷却后装入具塞磨口玻璃瓶中密封，于干燥器中保存。

（8）提取内标：选择同位素标记的化合物作为提取内标。可直接购买市售有证标准物质（溶液）。

（9）进样内标：选择同位素标记的化合物作为进样内标。可直接购买市售有证标准物质（溶液）。

（10）有机氯农药标准溶液系列：指用壬烷或其他溶剂配制的有机氯农药标准物质与相应内标物质的混合溶液。标准溶液的质量浓度精确已知，且质量浓度系列应涵盖高分辨气相色谱-高分辨质谱的定量线性范围，包括 5 种及以上质量浓度梯度。可直接购买市售有证标准物质（溶液）。

（11）弗罗里硅土固相萃取柱：1g，74～150μm（200～100 目），柱体积为 6～10mL。

（12）石墨化炭黑固相萃取柱：500mg，38～125μm（400～120 目），柱体积为 6～10mL。

（13）石英/玻璃纤维滤膜：对 0.3μm 标准粒子的截留效率不低于 99%。使用前置于马弗炉中 400℃烘烤 5h，冷却至室温后，放入真空干燥箱中真空保存。

（14）聚氨酯泡沫（PUF）：常用的密度为 $0.022g/cm^3$。使用前先用煮沸的水烫洗，再将其放入温水中反复搓洗 2 次以上，沥干水分后，放入烘箱中除水，然后采用下述方法对 PUF 进行提取清洗（也可采用其他等效方法进行处理）。

索氏提取清洗：提取溶剂为正己烷-二氯甲烷混合溶剂。清洗后的 PUF 置于真空干燥箱中 50℃加热至溶剂完全挥发，而后置于真空干燥箱中保存。

加压流体萃取清洗：提取溶剂为正己烷-二氯甲烷混合溶剂；提取温度 100℃；加热时间 5min；静态提取时间 8min；循环次数 3 次；吹扫时间 180s；淋洗体积 60%。干燥及保存方式同上。

（15）纯度≥99.999%的氮气和氢气。

具体参照 HJ 1224—2021。

四、实验步骤

（一）样品采集

按 HJ 194 和 HJ 691 要求采样即可。样品采集后置于密封袋内，避光冷藏保存，60d 内提取完毕。样品提取液在 4℃以下避光冷藏保存，并在 40d 内完成分析。

（二）试样的制备

参照 HJ 1224—2021 执行。

（1）样品的提取。

① 提取内标的添加。在样品提取前添加提取内标。吸取一定体积的提取内标均匀加入样品中，避光放置 1h 后进行下一步处理。提取内标的添加量可根据样品溶液的分割比例适当增减，使上机样品中的提取内标与制作相对响应因子时提取内标的质量浓度相同。

② 提取和除水。

索氏提取法：将 PUF 从玻璃采样筒中取出，同滤膜一起放入索氏提取器中，用少量丙酮清洗玻璃采样筒，清洗溶剂合并至样品中，添加提取内标。以正己烷-二氯甲烷混合溶剂为提取溶剂，其他条件参照 HJ 900 中有关索氏提取的内容进行提取。提取完毕后，向接收瓶中加入无水硫酸钠至硫酸钠颗粒可自由流动，放置 30min 充分除水。

加压流体萃取法：将 PUF 从玻璃采样筒中取出，同滤膜一起放入加压流体萃取装置中，用少量丙酮清洗玻璃采样筒，清洗溶剂合并至样品中，添加提取内标。以正己烷-二氯甲烷混合溶剂为提取溶剂；提取温度 100℃；加热时间 5min；静态提取时间 8min；循环次数 3 次；吹扫时间 180s；淋洗体积 60%。提取完毕后，向接收瓶中加入无水硫酸钠至硫酸钠颗粒可自由流动，放置 30min 充分除水。

（2）样品的浓缩。将样品提取液转移至浓缩瓶中，选择旋转蒸发仪或其他浓缩装置，浓缩至 1～2mL。此步骤应避免样品溶液被蒸干或吹干。

（3）样品溶液的定容和分割。根据样品中有机氯农药的估算质量浓度，将浓缩样品用正己烷定容，分取定容后的 10%～100%（整数比例）的样品溶液作为净化样品溶液，剩余样品溶液应避光冷藏储存。

（4）样品的净化。

① 弗罗里硅土固相萃取柱净化。依次进行以下活化、上样、洗脱以及浓缩步骤。

活化：将弗罗里硅土固相萃取柱安装在固相萃取装置上，加入 5mL 甲苯，打开阀门使之流出几滴甲苯以排出柱填料中的空气，关闭阀门使甲苯浸泡柱填料 5min，打开阀门使甲苯流出，待柱填料上方保留 1～2mm 液面时关闭阀门，保持柱填料为润湿状态，弃去甲苯流出液。

上样：准确吸取一定体积的样品溶液，加入活化后的固相萃取柱中，打开阀门，控制流速在每秒 1～2 滴，收集全部样品流出液。待柱填料上方保留 1～2mm 液面时关闭阀门。

洗脱：吸取 10mL 甲苯，加入上样后的固相萃取柱中，打开阀门，控制流速在每秒 1～2 滴，收集全部洗脱液。合并洗脱液和样品流出液作为净化后的样品溶液。

浓缩：将净化后的样品溶液浓缩至 1～2mL 后进行石墨化炭黑固相萃取柱净化。

② 石墨化炭黑固相萃取柱净化。依次进行以下活化、上样、洗脱以及浓缩步骤。

活化：将石墨化炭黑固相萃取柱安装在固相萃取装置上，后续步骤同上。

上样：将上述经弗罗里硅土固相萃取柱净化后的浓缩样品溶液加入活化后的固相萃取柱中，并用正己烷洗涤样品瓶，一并上样。打开阀门，控制流速在每秒 1～2 滴，收集全部样品流出液。待柱填料上方保留 1～2mm 液面时关闭阀门。

洗脱：对上样后的石墨化炭黑固相萃取柱进行洗脱，同上。

浓缩：将样品溶液浓缩至 1～2mL。

(5)上机样品的制备。向进样瓶中加入 20μL 壬烷,将浓缩样品溶液转移至装有壬烷的进样瓶中,用氮气吹扫浓缩至约 20μL 后,向进样瓶中添加进样内标制备成上机样品,使上机样品中进样内标的质量浓度与制作相对响应因子时进样内标的质量浓度相同,混匀,待分析。同时,应制备空白试样。

(三)分析步骤

(1)仪器参考条件。

① 高分辨气相色谱参考条件。进样口温度:250℃;进样方式:不分流;进样量:1μL;传输线温度:280℃;质量校准物质:全氟煤油(PFK)或其他质量校准物质;质量校准物质样品池温度:130℃;升温程序:初始温度110℃,保持1min,以 20℃/min 的速度升温至 210℃,以 1.5℃/min 的速度升温至 218℃,保持 1min,以 2℃/min 的速度升温至 260℃,保持 1min;载气:氦气;柱流量(恒流模式):1.0mL/min。

② 高分辨质谱参考条件。离子源温度:280℃;电子能量:35eV;捕获电流:650μA;检测器电压:350V;分辨率:大于 8000。设置仪器参数,并使用标准溶液确定保留时间窗口划分,使用选择离子监测模式(SIM)对目标化合物的两个监测离子峰(M1、M2)进行监测。

(2)校准。包括仪器调谐、质量校正、平均相对响应因子。

仪器调谐:导入质量校准物质得到稳定的响应后,优化质谱仪器参数,使得质量校准物质监测离子的静态分辨率大于 8000。

质量校正:仪器调谐后用锁定质量模式进行质量校正。质量校准物质的所有监测离子的分辨率应大于 6000,并且同一时间窗口内处于中间质量数附近的监测离子的分辨率应大于 8000。

平均相对响应因子:吸取一定体积的有机氯农药标准溶液,注入设定好的高分辨气相色谱-高分辨质谱中,分别对标准溶液中的目标化合物、提取内标、进样内标进行测定,应至少测定 5 个浓度。计算测定的标准溶液中各目标化合物相对于提取内标的相对响应因子(RRF_{es})、提取内标相对于进样内标的相对响应因子(RRF_{rs})。

RRF_{es} 按式(2-17)计算:

$$RRF_{es} = \frac{Q_{es}}{Q_s} \times \frac{A_s}{A_{es}} \tag{2-17}$$

式中 RRF_{es}——目标化合物相对于提取内标的相对响应因子;

Q_{es}——标准溶液中提取内标的绝对量,pg;

Q_s——标准溶液中目标化合物的绝对量,pg;

A_s——标准溶液中目标化合物的监测离子峰面积之和;

A_{es}——标准溶液中提取内标的监测离子峰面积之和。

RRF_{rs} 按式(2-18)计算:

$$RRF_{rs} = \frac{Q_{rs}}{Q_{es}} \times \frac{A_{es}}{A_{rs}} \tag{2-18}$$

式中 RRF_{rs}——提取内标相对于进样内标的相对响应因子;

Q_{rs}——标准溶液中进样内标的绝对量,pg;

Q_{es}——标准溶液中提取内标的绝对量,pg;

A_{es}——标准溶液中提取内标的监测离子峰面积之和;

A_{rs}——标准溶液中进样内标的监测离子峰面积之和。

由式(2-19)和式(2-21)计算不同浓度标准溶液的平均相对响应因子 $\overline{RRF_{es}}$ 和 $\overline{RRF_{rs}}$，同时由式(2-20)计算 RRF_{es} 的相对标准偏差，如相对标准偏差在30%以内（反式-环氧七氯和顺式-氯丹的相对标准偏差在35%以内），则可利用平均相对响应因子计算目标化合物的浓度，否则应重新进行相对响应因子的制作。

$$\overline{RRF_{es}} = \frac{\sum_{i=1}^{n} RRF_{es\text{-}i}}{n} \quad (2\text{-}19)$$

式中 $\overline{RRF_{es}}$——目标化合物相对于提取内标的平均相对响应因子；

$RRF_{es\text{-}i}$——第 i 个浓度的标准溶液中目标化合物相对于提取内标的相对响应因子；

n——标准溶液系列的浓度数。

$$SD = \frac{\sqrt{\dfrac{\sum_{i}^{n}\left(RRF_{es\text{-}i} - \overline{RRF_{es}}\right)^{2}}{n-1}}}{\overline{RRF_{es}}} \times 100\% \quad (2\text{-}20)$$

式中 SD——RRF_{es} 的相对标准偏差，%；

$RRF_{es\text{-}i}$——第 i 个浓度的标准溶液中目标化合物相对于提取内标的相对响应因子；

$\overline{RRF_{es}}$——目标化合物相对于提取内标的平均相对响应因子；

n——标准溶液系列的浓度数。

$$\overline{RRF_{rs}} = \frac{\sum_{i=1}^{n} RRF_{rs\text{-}i}}{n} \quad (2\text{-}21)$$

式中 $\overline{RRF_{rs}}$——提取内标相对于进样内标的平均相对响应因子；

$RRF_{rs\text{-}i}$——第 i 个浓度的标准溶液中提取内标相对于进样内标的相对响应因子；

n——标准溶液系列的浓度数。

（3）试样测定。取得平均相对响应因子之后，对处理好的上机样品按照与制作平均相对响应因子相同的条件进行测定。同时应进行空白实验。

五、实验结果与数据处理

（一）定性分析

各化合物监测离子丰度比（M1/M2）应满足要求；色谱峰的信噪比 S/N 应≥3；试样中各目标化合物和提取内标的相对保留时间与制作平均相对响应因子时该化合物的相对保留时间的差值在±0.03以内。相对保留时间计算公式参照 HJ 900。在上述色谱参考条件下，可得到25种有机氯农药的总离子色谱图。

（二）定量分析

上机样品中目标化合物的绝对量，按照式（2-22）计算：

$$Q = \frac{A'}{A'_{es}} \times \frac{Q'_{es}}{RRF_{es}} \quad (2\text{-}22)$$

式中 Q——上机样品中目标化合物的绝对量，pg；

A'——上机样品中目标化合物的监测离子峰面积之和；

A'_{es}——上机样品中提取内标的监测离子峰面积之和；

Q'_{es}——上机样品中提取内标的添加量,pg;

$\overline{RRF}_{es}$——目标化合物相对于提取内标的平均相对响应因子。

环境空气样品中目标化合物的质量浓度,按照式(2-23)计算:

$$\rho = \frac{Q}{V_{sd}} \times \frac{V_d}{V_f} \qquad (2\text{-}23)$$

式中 ρ——环境空气样品中目标化合物的质量浓度,pg/m³;

Q——上机样品中目标化合物的绝对量,pg;

V_{sd}——根据相关质量标准或排放标准采用相应状态下的采样体积,m³;

V_d——样品溶液定容体积,mL;

V_f——净化时样品的上样体积,mL。

(三)提取内标回收率

根据提取内标相对于进样内标的平均相对响应因子 $\overline{RRF}_{rs}$,计算样品中提取内标的绝对量,然后根据提取内标的添加量,按照式(2-24)计算样品的提取内标回收率:

$$R = \frac{A'_{es}}{A'_{rs}} \times \frac{Q'_{rs}}{Q'_{es}} \times \frac{100\%}{\overline{RRF}_{rs}} \qquad (2\text{-}24)$$

式中 R——提取内标回收率,%;

A'_{es}——上机样品中提取内标的监测离子峰面积之和;

A'_{rs}——上机样品中进样内标的监测离子峰面积之和;

Q'_{rs}——上机样品中进样内标的添加量,pg;

Q'_{es}——上机样品中提取内标的添加量,pg;

$\overline{RRF}_{rs}$——提取内标相对于进样内标的平均相对响应因子。

提取内标回收率应满足或优于表2-5规定的范围,否则应查找原因,重新进行样品提取和净化操作。

表2-5 提取内标回收率

序号	提取内标	回收率/%	序号	提取内标	回收率/%
1	$^{13}C_6$-六氯苯	22~97	13	$^{13}C_9$-硫丹-Ⅰ	24~112
2	$^{13}C_6$-α-六六六	24~128	14	$^{13}C_{12}$-4,4′-DDE	33~118
3	$^{13}C_6$-γ-六六六	21~115	15	$^{13}C_{12}$-狄氏剂	22~141
4	$^{13}C_6$-β-六六六	42~130	16	$^{13}C_{12}$-2,4′-DDD	35~183
5	$^{13}C_6$-δ-六六六	41~101	17	$^{13}C_{12}$-异狄氏剂	28~153
6	$^{13}C_{10}$-七氯	22~175	18	$^{13}C_{12}$-2,4′-DDT	47~179
7	$^{13}C_{12}$-艾氏剂	27~97	19	$^{13}C_{10}$-顺式-九氯	21~173
8	$^{13}C_{10}$-氧化氯丹	26~116	20	$^{13}C_{12}$-4,4′-DDD	46~185
9	$^{13}C_{10}$-顺式-环氧七氯	31~112	21	$^{13}C_9$-硫丹-Ⅱ	34~130
10	$^{13}C_{10}$-反式-氯丹	30~110	22	$^{13}C_{12}$-4,4′-DDT	51~187
11	$^{13}C_{12}$-2,4′-DDE	25~111	23	$^{13}C_{10}$-灭蚁灵	27~165
12	$^{13}C_{10}$-反式-九氯	22~111			

六、注意事项

（1）样品中的其他有机物可能会干扰测定，可选择弗罗里硅土、石墨化炭黑等净化柱去除干扰。

（2）当采样体积为 30m^3（标准状态），浓缩定容体积为 20μL 时，六氯苯的检出限为 0.9pg/m^3，测定下限为 3.6pg/m^3；当采样体积为 1200m^3（标准状态），浓缩定容体积为 20μL 时，除六氯苯外其他有机氯农药的检出限为 0.006~0.03pg/m^3，测定下限为 0.024~0.12pg/m^3。

七、思考题

（1）有机氯农药的测定过程中有哪些影响因素？

（2）本方法除了测定环境空气中有机氯农药外，是否还可以用于其他环境介质中有机氯农药的测定？请举例说明。

实验9 罐采样/气相色谱-质谱法测定挥发性有机物

一、实验目的和要求

（1）了解环境空气中挥发性有机物的采样及前处理方法。

（2）掌握气相色谱-质谱法测定挥发性有机物的原理及基本操作。

二、实验原理

用内壁惰性化处理的不锈钢罐采集环境空气样品，经冷阱浓缩、热解吸后，进入气相色谱分离，用质谱检测器进行检测。通过与标准物质保留时间和质谱图比较定性，内标法定量。

三、仪器与试剂

（一）仪器与器皿

（1）气相色谱-质谱联用仪。

（2）毛细管色谱柱，60m×0.25mm，1.4μm 膜厚（6%腈丙基苯基-94%二甲基聚硅氧烷固定液）。其他等效毛细管色谱柱也可用于测定。

（3）气体冷阱浓缩仪和浓缩仪自动进样器。

（4）罐清洗装置：能将采样罐抽至真空（<10Pa），具有加温、加湿、加压清洗功能。

（5）气体稀释装置：最大稀释倍数可达 1000 倍。

（6）采样罐：内壁惰性化处理的不锈钢采样罐。耐压值>241kPa。

（7）液氮罐：不锈钢材质，容积为 100~200L。

（8）流量控制器：与采样罐配套使用，使用前用标准流量计校准。

（9）校准流量计：在 0.5~10.0mL/min 或 10~500mL/min 范围内可精确测定流量。

（10）真空压力表：精度要求≤7kPa（1psi），压力范围：-101~202kPa。

（11）过滤器：孔径≤10μm。

（12）其他一般实验室常用仪器与器皿。

（二）试剂

（1）标准气：浓度为 1μmol/mol。

（2）标准使用气：使用气体稀释装置，将标准气用高纯氮气稀释至 10nmol/mol 浓度，可保存 20d。

（3）内标标准气（有证标准物质）：组分为一溴一氯甲烷、1,2-二氟苯、氯苯-d5，浓度为 1μmol/mol。

（4）内标标准使用气：使用气体稀释装置，将内标标准气用高纯氮气稀释至 100nmol/mol 浓度，可保存 20d。

（5）4-溴氟苯标准气：浓度为 1μmol/mol，与内标标准气混合在一起，高压钢瓶保存，钢瓶压力不低于 1.0 MPa，可保存 1 年。

（6）4-溴氟苯标准使用气体：使用气体稀释装置，将 4-溴氟苯标准气用高纯氮气稀释至 100nmol/mol 浓度，可保存 20d。

（7）纯度≥99.999%的氦气、高纯氮气（带除烃装置）和高纯空气（带除烃装置）。

（8）液氮。

四、实验步骤

（一）采样

在使用前应使用罐清洗装置对采样罐进行清洗。清洗过程中可对采样罐进行加湿，以降低罐体活性吸附。必要时可对采样罐在 50~80℃条件下进行加温清洗。清洗完毕后，将采样罐抽至真空（<10Pa），待用。每清洗 20 只采样罐应至少取一只罐注入高纯氮气分析，确定清洗过程是否清洁。每个被测高浓度样品的真空罐在清洗后，在下一次使用前均应进行本底污染的分析。

样品采集可采用下列瞬时采样和恒定流量采样两种方式。采样需加装过滤器，以去除空气中的颗粒物。

瞬时采样：将清洗后并抽成真空的采样罐带至采样点，安装过滤器后，打开采样罐阀门，开始采样。待罐内压力与采样点大气压力一致后，关闭阀门，用密封帽密封。记录采样时间、地点、温度、湿度、大气压。

恒定流量采样：将清洗后并抽成真空的采样罐，带至采样点，安装流量控制器和过滤器后，打开采样罐阀门，开始恒流采样，在设定的恒定流量所对应的采样时间达到后，关闭阀门，用密封帽密封。记录采样时间、地点、温度、湿度、大气压，具体参见 HJ/T 194。

样品在常温下保存，采样后尽快分析，20d 内分析完毕。

（二）试样制备

实际样品分析前，须使用真空压力表测定罐内压力。若罐压力小于 83kPa，必须用高纯氮气加压至 101kPa，并按式（2-25）计算稀释倍数。同时应进行空白实验。

$$f = \frac{Y_a}{X_a} \tag{2-25}$$

式中 f——稀释倍数，无量纲；

X_a——稀释前的罐压力，kPa；

Y_a——稀释后的罐压力，kPa。

(三)分析步骤

(1)仪器参考条件。

① 冷阱浓缩仪参考条件。取样体积400mL(根据样品中目标化合物浓度,取样体积可在50~1000mL范围内调整)。一级冷阱:捕集温度-150℃;捕集流速100mL/min;解吸温度10℃;阀温100℃;烘烤温度150℃;烘烤时间15min。二级冷阱:捕集温度-15℃;捕集流速10mL/min;捕集时间5min;解吸温度180℃;解析时间3.5min;烘烤温度190℃;烘烤时间15min。三级聚焦:聚焦温度-160℃;解吸时间2.5min;烘烤温度200℃;烘烤时间5min。传输线温度:120℃。

② 气相色谱参考分析条件。程序升温:初始温度35℃,保持5min后以5℃/min速度升温至150℃,保持7min后以10℃/min速度升温至200℃,保持4min;进样口温度:140℃;溶剂延迟时间:5.6min;载气流速:1.0mL/min。

③ 质谱参考分析条件。接口温度:250℃;离子源温度:230℃;扫描方式:EI(全扫描)或选择离子扫描(SIM);扫描范围:35~300amu。

(2)绘制校准曲线。

标准使用气体配制:标准使用气体浓度为10nmol/mol。将标准气的钢瓶及高纯氮气钢瓶与气体稀释装置连接,设定稀释倍数,打开钢瓶阀门调好两种气体的流速,待流速稳定后取预先清洗好并抽好真空的采样罐连在气体稀释装置上,打开采样罐阀门开始配制。待罐内压力达到预设值(一般为172kPa)后,关闭采样罐阀门以及钢瓶气阀门。

内标使用气配制:内标使用气体浓度为100nmol/mol。

分别抽取50.0mL、100mL、200mL、400mL、600mL、800mL标准使用气,同时加入50.0mL内标标准使用气,配制目标物浓度分别为1.25nmol/mol、2.5nmol/mol、5.0nmol/mol、10.0nmol/mol、15.0nmol/mol、20.0nmol/mol(可根据实际样品情况调整)的标准系列,内标物浓度为12.5nmol/mol。按照仪器参考条件,依次从低浓度到高浓度进行测定。按照式(2-26)计算目标物的相对响应因子(RRF),按式(2-27)计算目标物全部标准浓度点的平均相对响应因子($\overline{RRF}$)。

$$RRF = \frac{A_x}{A_{is}} \times \frac{\varphi_{is}}{\varphi_x} \quad (2-26)$$

式中 RRF——目标物的相对响应因子,无量纲;

A_x——目标化合物定量离子峰面积;

A_{is}——内标化合物定量离子峰面积;

φ_{is}——内标化合物的摩尔分数,nmol/mol;

φ_x——目标化合物的摩尔分数,nmol/mol。

$$\overline{RRF} = \frac{\sum_{i}^{n} RRF_i}{n} \quad (2-27)$$

式中 $\overline{RRF}$——目标物的平均相对响应因子,无量纲;

RRF_i——标准系列中第i点目标物的相对响应因子,无量纲;

n——标准系列点数。

(3)样品测定。将制备好的样品连接至气体冷阱浓缩仪,取400mL样品浓缩分析,同时加入50.0mL内标标准使用气,按照仪器参考条件进行测定。

空白样品测定:按照与样品测定相同的操作步骤进行实验室空白和运输空白的测定。

五、实验结果与数据处理

（一）定性分析

以全扫描方式进行测定，以样品中目标物的相对保留时间、辅助定性离子和定量离子间的丰度比与标准中目标物对比来定性。样品中目标化合物的相对保留时间与校准系列中该化合物的相对保留时间的偏差应在±3.0%内。样品中目标化合物的辅助定性离子和定量离子峰面积比（$Q_{样品}$）与标准系列目标化合物的辅助定性离子和定量离子峰面积比（$Q_{标准}$）的相对偏差控制在±30%以内。

按式（2-28）计算相对保留时间RRT。

$$RRT = \frac{RT_c}{RT_{is}} \qquad (2\text{-}28)$$

式中　RRT——目标化合物相对保留时间，无量纲；
　　　RT_c——目标化合物的保留时间，min；
　　　RT_{is}——内标物的保留时间，min。

按式（2-29）计算平均相对保留时间（$\overline{RRT}$）：标准系列中同一目标化合物的相对保留时间平均值。

$$\overline{RRT} = \frac{\sum_i^n RRT_i}{n} \qquad (2\text{-}29)$$

式中　$\overline{RRF}$——目标物的平均相对保留时间，无量纲；
　　　RRT_i——标准系列中第 i 点目标物的相对保留时间，无量纲；
　　　n——标准系列点数。

按式（2-30）计算辅助定性离子和定量离子峰面积比。

$$Q = \frac{A_q}{A_t} \qquad (2\text{-}30)$$

式中　Q——辅助定性离子和定量离子峰面积比；
　　　A_t——定量离子峰面积；
　　　A_q——辅助定性离子峰面积。

（二）定量分析

采用平均相对响应因子进行定量计算，参见HJ 759—2015。样品中目标物的含量（μg/m³）按照式（2-31）进行计算。

$$\rho = \frac{A_x}{A_{is}} \times \frac{\varphi_{is}}{\overline{RRF}} \times \frac{M}{22.4} f \qquad (2\text{-}31)$$

式中　ρ——样品中目标物的浓度，μg/m³；
　　　A_x——样品中目标物的定量离子峰面积；
　　　A_{is}——样品中内标物的定量离子峰面积；
　　　φ_{is}——样品中内标物的摩尔分数，nmol/mol；
　　　$\overline{RRF}$——目标物的平均相对响应因子，无量纲；
　　　f——稀释倍数，无量纲；
　　　M——目标物的摩尔质量，g/mol；
　　　22.4——标准状态（273.15K，101.325kPa）下气体的摩尔体积，L/mol。

六、注意事项

（1）实验环境应远离有机溶剂，降低、消除有机溶剂和其他挥发性有机物的本底干扰。

（2）分析高浓度样品后，须增加空白分析，如发现分析系统有残留，可启用气体冷阱浓缩仪的烘烤程序，去除残留。

（3）进样系统、冷阱浓缩系统中气路连接材料挥发出的挥发性有机物会对分析造成干扰。可适当升高、延长烘烤时间，将干扰降至最低。

（4）所有样品经过的管路和接头均需进行惰性化处理，并保温以消除样品吸附、冷凝和交叉污染。

（5）易挥发性有机物（尤其是二氯甲烷和氟碳化合物）在运输保存过程中可能会经阀门等部件扩散进入采样罐中污染样品。样品采集结束后，须确认阀门完全关闭，并用密封帽密封采样罐采样口，隔绝外界气体，可有效降低此类干扰。

七、思考题

除了罐采样，是否还有其他的采样方式？请举例说明。

实验10　同位素稀释高分辨气相色谱-高分辨质谱法测定环境空气中二噁英

一、实验目的和要求

（1）了解二噁英的组成和危害。
（2）掌握同位素稀释高分辨气相色谱-高分辨质谱法测定二噁英的原理及基本操作。
（3）掌握环境空气中二噁英类污染物的采样、样品处理及其定性和定量分析步骤。

二、实验原理

采用同位素稀释高分辨气相色谱-高分辨质谱法测定环境空气中的二噁英类。利用滤膜和吸附材料对环境空气中的二噁英类进行采样，采集的样品加入提取内标，分别对滤膜和吸附材料进行处理得到样品提取液，再经过净化和浓缩转化为最终分析样品，用高分辨气相色谱-高分辨质谱法（HRGC-HRMS）进行定性和定量分析。

三、仪器与试剂

（一）仪器与器皿

（1）高分辨气相色谱仪和高分辨质谱仪（双聚焦磁质谱）。

（2）采样装置：环境空气二噁英类采样装置应按图2-7所示采样示意图进行设计，过滤材料支架尺寸应与滤膜匹配，吸附材料容器应能够容纳2块PUF，并保证系统的气密性。

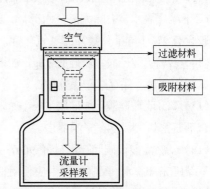

图2-7　环境空气二噁英类采样装置示意图

（3）前处理装置：样品前处理装置要用碱性洗涤剂和水充分洗净，使用前依次用甲醇（或丙酮）、正己烷（或甲苯、二氯甲烷）等溶剂冲洗，定期进行空白实验。所有接口处严禁使用油脂。

（4）其他一般实验室常用仪器和器皿。

（二）试剂

（1）除非另有说明，分析时均使用符合国家标准的农残级试剂，并进行空白实验。有机溶剂浓缩10000倍不得检出二噁英类。

（2）水：用正己烷充分洗涤过的蒸馏水。除非另有说明，本方法中涉及的水均指经过上述处理的蒸馏水。

（3）25%二氯甲烷-正己烷溶液：二氯甲烷与正己烷按1：3（体积比）混合。

（4）采样内标：二噁英类内标物质（溶液），一般选择^{13}C或^{37}Cl标记化合物作为采样内标，每个样品的添加量为0.5~2.0ng。

（5）提取内标：二噁英类内标物质（溶液）一般选择^{13}C或^{37}Cl标记化合物作为提取内标。每个样品的添加量一般为：四氯~七氯代化合物0.4~2.0ng，八氯代化合物0.8~4.0ng，并且以不超过定量线性范围为宜。

（6）进样内标：二噁英类内标物质（溶液），一般选择^{13}C或^{37}Cl标记化合物作为进样内标，每个样品的添加量为0.4~2.0ng。

（7）标准溶液：以壬烷（或癸烷、甲苯等）为溶剂配制的二噁英类标准物质与相应内标物质的混合溶液。标准溶液的质量浓度精确已知，且质量浓度序列应涵盖HRGC-HRMS的定量线性范围，包括5种不同的质量浓度梯度。

（8）过滤材料：采集环境空气样品使用石英纤维滤膜。

（9）吸附材料：采集环境空气样品使用聚氨基甲酸乙酯泡沫（PUF）。

（10）优级纯的盐酸、浓硫酸、氢氧化钾和硝酸银。

（11）无水硫酸钠：分析纯以上。在380℃下处理4h，密封保存。

（12）硅胶：色谱填充柱用硅胶0.063~0.212mm（70~230目），在烧杯中用甲醇洗净，待甲醇挥发完全后，在蒸发皿中摊开，厚度小于10mm。在130℃下干燥18h，然后放入干燥器冷却30min，装入试剂瓶中密封，保存在干燥器中。

（13）2%氢氧化钾硅胶：取硅胶98g，加入40mL 50g/L氢氧化钾溶液，使用旋转蒸发装置在约50℃下减压脱水，去除大部分水分后，继续在50~80℃减压脱水1h，硅胶变成粉末状。所制成的硅胶含有2%（质量分数）的氢氧化钾，将其装入试剂瓶密封，保存在干燥器中。

（14）22%硫酸硅胶：取硅胶78g，加入浓硫酸22g，充分混合后变成粉末状。将所制成的硅胶装入试剂瓶密封，保存在干燥器中。

（15）44%硫酸硅胶：取硅胶56g，加入浓硫酸44g，充分混合后变成粉末状。将所制成的硅胶装入试剂瓶密封，保存在干燥器中。

（16）10%硝酸银硅胶：取硅胶90g，加入28mL 400g/L硝酸银溶液，使用旋转蒸发装置在约50℃下减压充分脱水。配制过程中应使用棕色遮光板或铝箔遮挡光线。所制成的硅胶含有10%（质量分数）的硝酸银，将其装入棕色试剂瓶密封，保存在干燥器中。

（17）氧化铝：色谱填充柱用氧化铝［碱性，活性度Ⅰ（氧化铝的 Brockman 活性等级）］，可以直接使用活性氧化铝。必要时可进行活化，活化后应尽快使用。

（18）活性炭或活性炭硅胶。

（19）石英棉：使用前在 200℃下处理 2h，密封保存。

具体参照 HJ 77.2—2008。

四、实验步骤

（一）采样

采样之前应对现场进行调查。原则上采样点应位于开阔地带，距可能扰动环境空气流的障碍物 2m 以上。采样器应安装在距离地面 1.5m 以上的位置。为防止地面扬尘，可在设备附近铺设塑料布或其他隔离物。采样时应尽量避开大风或下雨天气。

将环境空气二噁英类采样装置运至采样点，连接采样装置并固定。使用实验室用无尘纸将采样装置内采集颗粒物和气溶胶部分的接口处擦干净。将装有 2 个 PUF 的吸附材料充填管安装到采样装置上，把滤膜放在滤膜架上固定。

采样前添加采样内标，要求采样内标物质的回收率为 70%～130%，超过此范围要重新采样。启动采样装置，先设定采样流量，并开始采样。采样开始 5min 后再次调整流量并记录，在采样结束之前读取流量并记录。若使用了累计流量计，则同时记录总采样体积。

现场测量空气温度、湿度、风速、风向等参数，对采样点周围环境进行描述记录。若采样点周边存在污染源，还应记录污染源名称、排放情况、距离采样点位距离及方位等信息。若采样过程中出现装置故障或其他变化，则应详细记录故障或变化情况以及采取的措施和结果。条件允许时可对采样现场和周边环境拍摄照片。

采样结束后尽量在阴暗处拆卸采样装置，避免外界的污染。将吸附材料充填管密封，装入密实袋中。滤膜采样面向里对折，用铝箔包好后装入密实袋中密封保存。样品应低温保存并尽快送至实验室分析。

（二）样品提取

（1）添加提取内标。一般情况下，应在样品进行提取处理前添加提取内标。如果样品提取液需要分割使用（如样品中二噁英类预期质量浓度过高需要加以控制或者需要预留保存样），提取内标添加量则应适当增加。

（2）提取方式。将滤膜放入索氏提取器中，用甲苯提取 16～24h；将 PUF 放入索氏提取器中，用丙酮提取 16～24h。两部分提取液分别进行浓缩，溶剂转换为正己烷，再次浓缩后合并，作为分析样品进行净化处理。

（3）样品溶液的分割。可根据样品中二噁英类预期质量浓度的高低分取 25%～100%（整数比例）的样品溶液作为分析样品，剩余样品溶液转移至棕色密封储液瓶中冷藏储存。

（三）样品净化

初步净化可以选择硫酸处理-硅胶柱净化或多层硅胶柱净化。进一步净化则可以选择氧化铝柱净化或活性炭硅胶柱净化。对于共存干扰较多的样品也可以组合使用多种净化步骤。具体参见 HJ 77.2—2008。

（四）仪器分析

（1）高分辨气相色谱条件设定。进样方式：不分流进样1μL；进样口温度：270℃；载气流量：1.0mL/min；色质接口温度：270℃；色谱柱：固定相5%苯基、95%聚甲基硅氧烷，柱长60m，内径0.25mm，膜厚0.25μm；程序升温：初始温度140℃，保持1min后以20℃/min的速度升温至200℃，停留1min后以5℃/min的速度升温至220℃，停留16min后以5℃/min的速度升温至235℃后停留7min，以5℃/min的速度升温至310℃停留10min。

（2）高分辨气相色谱条件设定。使用SIM法选择待测化合物的两个监测峰离子进行监测，如表2-6所示（$^{37}C_{14}$-T_4CDD仅有一个监测峰离子）；导入质量校准物质（PFK）得到稳定的响应后，优化质谱仪器参数使得表2-6中各质量数范围内PFK峰离子的分辨率大于10000，当使用的内标包含$^{13}C_{12}$-O_8CDF时，分辨率应大于12000。

（3）质量校正。仪器分析开始前需进行质量校正。监测表2-6中各质量数范围内PFK峰离子的荷质比及分辨率，分辨率应全部达到10000以上，通过锁定质量模式进行质量校正。校正过程完成后保存质量校正文件。

表2-6　质量数设定（监测离子和锁定质量数）

同类物	M^+	$(M+2)^+$	$(M+4)^+$
T_4CDDs	319.8965	321.8936	
P_5CDDs		355.8546	357.8517①
H_6CDDs		389.8157	391.8127①
H_7CDDs		423.7767	425.7737
O_8CDD		457.7377	459.7348
T_4CDFs	303.9016	305.8987	
P_5CDFs		339.8597	341.8568
H_6CDFs		373.8207	375.8178
H_7CDFs		407.7818	409.7788
O_8CDF		441.7428	443.7398
$^{13}C_{12}$-T_4CDDs	331.9368	333.9339	
$^{37}C_{14}$-T_4CDD	327.8847		
$^{13}C_{12}$-P_5CDDs		367.8949	369.8919
$^{13}C_{12}$-H_6CDDs		401.8559	403.8530
$^{13}C_{12}$-H_7CDDs		435.8169	437.8140
$^{13}C_{12}$-O_8CDD		469.7780	471.7750
$^{13}C_{12}$-T_4CDFs	315.9419	317.9389	
$^{13}C_{12}$-P_5CDFs		351.9000	353.8970

续表

同类物	M^+	$(M+2)^+$	$(M+4)^+$
$^{13}C_{12}$-H_6CDFs	383.8369	385.8610	
$^{13}C_{12}$-H_7CDFs	417.8253	419.8220	
$^{13}C_{12}$-O_8CDF	451.7860	453.7830	
PFK (lock mass)		292.9825（四氯代二噁英类定量用）	
		354.9792（五氯代二噁英类定量用）	
		392.9760（六氯代二噁英类定量用）	
		430.9729（七氯代二噁英类定量用）	
		442.9729（八氯代二噁英类定量用）	

① 可能存在多氯联苯（PCBs）干扰。
注：M 表示质量数最低的同位素。

（4）SIM 检测。按要求设置高分辨气相色谱-高分辨质谱联用仪条件；注入 PFK，响应稳定后，按上述要求进行仪器调谐与质量校正后分析最终样品。每 12h 对分辨率及质量校正进行验证。不符合要求时应重新进行调谐及质量校正；完成测定后，取得各监测离子的色谱图，确认 PFK 峰离子丰度差异小于 20%，检查是否存在干扰以及 2,3,7,8-氯代二噁英类的分离效果，最后进行数据处理。按各化合物的离子荷质比记录谱图。

（5）相对响应因子的计算。

① 标准溶液测定。标准溶液质量浓度序列应有 5 种以上质量浓度，对每个质量浓度应重复 3 次进样测定。

② 离子丰度比确认。标准溶液中化合物对应的两个监测离子的离子丰度比应与理论离子丰度比（见表 2-7）大体一致，变化范围应在±15%以内。

③ 信噪比确认。标准溶液质量浓度序列中最低质量浓度的化合物信噪比（S/N）应大于 10。取谱图基线测量值标准偏差的 2 倍作为噪声值 N，也可以取噪声最大值和最小值之差的 2/5 作为噪声值 N。以噪声中线为基准，到峰顶的高度为峰高（信号 S）。

表 2-7 根据氯原子同位素丰度比推算的理论离子丰度比

项目	M	M+2	M+4	M+6	M+8	M+10	M+12	M+14
T_4CDDs	77.43	100.00	48.74	10.72	0.94	0.01		
P_5CDDs	62.06	100.00	64.69	21.08	3.50	0.25		
H_6CDDs	51.79	100.00	80.66	34.85	8.54	1.14	0.07	
H_7CDDs	44.43	100.00	96.64	52.03	16.89	3.32	0.37	0.02
O_8CDD	34.54	88.80	100.00	64.48	26.07	6.78	1.11	0.11
T_4CDFs	77.55	100.00	48.61	10.64	0.92			
P_5CDFs	62.14	100.00	64.57	20.98	3.46	0.24		
H_6CDFs	51.84	100.00	80.54	34.72	8.48	1.12	0.07	

续表

项目	M	M+2	M+4	M+6	M+8	M+10	M+12	M+14
H_7CDFs	44.47	100.00	96.52	51.88	16.80	3.29	0.37	0.02
O_8CDF	34.61	88.89	100.00	64.39	25.98	6.74	1.10	0.11

注：以最大离子丰度作为100%。

④ 相对响应因子。与各质量浓度点待测化合物相对应的提取内标的相对响应因子（RRF_{es}）由式（2-32）算出，并计算其平均值和相对标准偏差，相对标准偏差应在±20%以内，否则应重新制作校准曲线。

$$RRF_{es} = \frac{Q_{es}}{Q_s} \times \frac{A_s}{A_{es}} \tag{2-32}$$

式中　Q_{es}——标准溶液中提取内标物质的绝对量，pg；
　　　Q_s——标准溶液中待测化合物的绝对量，pg；
　　　A_s——标准溶液中待测化合物的监测离子峰面积之和；
　　　A_{es}——标准溶液中提取内标物质的监测离子峰面积之和。

同样，分别用式（2-33）和式（2-34）计算提取内标相对于进样内标以及采样内标相对于提取内标的相对响应因子 RRF_{rs} 和 RRF_{ss}。

$$RRF_{rs} = \frac{Q_{rs}}{Q_{es}} \times \frac{A_{es}}{A_{rs}} \tag{2-33}$$

式中　Q_{rs}——标准溶液中进样内标物质的绝对量，pg；
　　　Q_{es}——标准溶液中提取内标物质的绝对量，pg；
　　　A_{es}——标准溶液中提取内标物质的监测离子峰面积之和；
　　　A_{rs}——标准溶液中进样内标物质的监测离子峰面积之和。

$$RRF_{ss} = \frac{Q_{es}}{Q_{ss}} \times \frac{A_{ss}}{A_{es}} \tag{2-34}$$

式中　Q_{es}——标准溶液中提取内标物质的绝对量，pg；
　　　Q_{ss}——标准溶液中采样内标物质的绝对量，pg；
　　　A_{ss}——标准溶液中采样内标物质的监测离子峰面积之和；
　　　A_{es}——标准溶液中提取内标物质的监测离子峰面积之和。

（6）样品的测定。取得相对响应因子之后，对处理好的最终分析样品按下述步骤测定。

选择中间质量浓度的标准溶液，按一定周期或频次（每12h或每批样品至少1次）测定。质量浓度变化不应超过±35%，否则应查找原因，重新测定或重新制作相对响应因子；将空白样品和最终分析样品按程序进行测定，得到二噁英类各监测离子的色谱图。

五、实验结果与数据处理

（一）二噁英含量计算

采用内标法计算分析样品中被检出的二噁英类化合物的绝对量（Q），按式（2-35）计算2,3,7,8-氯代二噁英类的 Q 值。对于非2,3,7,8-氯代二噁英类，采用具有相同氯原子取代数的2,3,7,8-氯代二噁英类 RRF_{es} 均值计算。

$$Q = \frac{A}{A_{es}} \times \frac{Q_{es}}{\mathrm{RRF}_{es}} \qquad (2\text{-}35)$$

式中　Q——分析样品中待测化合物的量，ng；

　　　A——色谱图上待测化合物的监测离子峰面积之和；

　　　A_{es}——提取内标的监测离子峰面积之和；

　　　Q_{es}——提取内标的添加量，ng；

　　　RRF_{es}——待测化合物相对提取内标的相对响应因子。

根据所计算的各同类物的 Q，可进一步计算出气体样品中的待测化合物质量浓度，结果修约为 2 位有效数字。

（二）提取内标的回收率

根据提取内标峰面积与进样内标峰面积的比值以及对应的相对响应因子（RRF_{rs}）均值，按照式（2-36）计算提取内标的回收率。当表 2-8 所列内标物质用作提取内标时，回收率应在规定的范围之内，否则应查找原因，重新进行提取和净化操作。

$$R = \frac{A_{es}}{A_{rs}} \times \frac{Q_{rs}}{\mathrm{RRF}_{rs}} \times \frac{100\%}{Q_{es}} \qquad (2\text{-}36)$$

式中　R——提取内标回收率，%；

　　　RRF_{rs}——提取内标相对于进样内标的相对响应因子；

　　　Q_{es}——提取内标的添加量，ng；

　　　A_{es}——提取内标的监测离子峰面积之和；

　　　A_{rs}——进样内标的监测离子峰面积之和；

　　　Q_{rs}——进样内标的添加量，ng。

表 2-8　提取内标回收率

氯原子取代数	内标	范围/%	内标	范围/%
四氯	$^{13}C_{12}$-2,3,7,8-T_4CDD	25~164	$^{13}C_{12}$-2,3,7,8-T_4CDF	24~169
五氯	$^{13}C_{12}$-1,2,3,7,8-P_5CDD	25~181	$^{13}C_{12}$-1,2,3,7,8-P_5CDF	24~185
五氯			$^{13}C_{12}$-2,3,4,7,8-P_5CDF	21~178
六氯	$^{13}C_{12}$-1,2,3,4,7,8-H_6CDD	32~141	$^{13}C_{12}$-1,2,3,4,7,8-H_6CDF	32~141
六氯	$^{13}C_{12}$-1,2,3,6,7,8-H_6CDD	28~130	$^{13}C_{12}$-1,2,3,6,7,8-H_6CDF	28~130
六氯			$^{13}C_{12}$-2,3,4,6,7,8-H_6CDF	28~136
六氯			$^{13}C_{12}$-1,2,3,7,8,9-H_6CDF	29~147
七氯	$^{13}C_{12}$-1,2,3,4,6,7,8-H_7CDD	23~140	$^{13}C_{12}$-1,2,3,4,6,7,8-H_7CDF	28~143
七氯			$^{13}C_{12}$-1,2,3,4,7,8,9-H_7CDF	26~138
八氯	$^{13}C_{12}$-O_8CDD	17~157		

（三）采样内标的回收率

根据采样内标峰面积与提取内标峰面积的比值及对应的相对响应因子（RRF_{ss}），按照下式计算采样内标的回收率，并确认采样内标的回收率在 70%~130% 的范围之内。

$$R_s = \frac{A_{ss}}{A_{es}} \times \frac{Q_{es}}{RRF_{ss}} \times \frac{100\%}{Q_{ss}} \qquad (2\text{-}37)$$

式中 R_s——采样内标回收率，%；

A_{ss}——采样内标的监测离子峰面积之和；

A_{es}——提取内标的监测离子峰面积之和；

Q_{es}——提取内标的添加量，ng；

RRF_{ss}——采样内标相对于提取内标的相对响应因子；

Q_{ss}——采样内标的添加量，ng。

六、注意事项

（1）实验室应选用可直接使用的低质量浓度标准物质，减少或避免对高质量浓度标准物质的操作。

（2）实验室应配备手套、实验服、安全眼镜、面具、通风橱等保护措施。

（3）分析人员应了解二噁英类分析操作以及相关的风险，并接受相关的专业培训。

七、思考题

（1）为什么要设置空白实验？空白实验分为哪几种？

（2）二噁英类污染物测定过程中有什么影响因素？请详细说明。

第三节　颗粒物的测定

实验 11　重量法测定环境空气中 PM_{10} 和 $PM_{2.5}$

一、实验目的和要求

（1）了解颗粒物采样的基本操作。

（2）掌握重量法测定环境空气中 PM_{10} 和 $PM_{2.5}$ 的原理，并学习利用相关标准判断污染情况。

二、实验原理

分别通过具有一定切割特性的采样器，以恒速抽取定量体积空气，使环境空气中 $PM_{2.5}$ 和 PM_{10} 被截留在已知质量的滤膜上，根据采样前后滤膜的质量差和采样体积，计算出 $PM_{2.5}$ 和 PM_{10} 浓度。

三、仪器与器皿

（1）切割器：①PM_{10} 切割器、采样系统。切割粒径 D_{a50}=（10.0±0.5）μm；捕集效率的几何标准差为 σ_g=（1.5±0.1）μm。②$PM_{2.5}$ 切割器、采样系统。切割粒径 D_{a50}=（2.5±0.2）μm；捕集效率的几何标准差为 σ_g=（1.2±0.1）μm。

（2）采样器孔口流量计，误差均应≤2%。①大流量流量计，量程 0.8～1.4m³/min。②中流量流量计，量程 60～125L/min。③小流量流量计，量程＜30L/min。

（3）滤膜：根据样品采集目的可选用玻璃纤维滤膜、石英滤膜等无机滤膜或聚氯乙烯、聚丙烯、混合纤维素等有机滤膜。滤膜对 0.3μm 标准粒子的截留效率不低于 99％。空白滤膜应进行平衡处理至恒重，称量后，放入干燥器中备用。

（4）分析天平。

（5）恒温恒湿箱（室）：箱（室）内空气温度在 15～30℃ 内可调，控温精度±1℃。箱（室）内空气相对湿度应控制在（50±5）%。

（6）干燥器：内盛变色硅胶。

（7）其他一般实验室常用仪器和器皿。

具体参照 HJ 618—2011。

四、实验步骤

（一）样品采集

采样时，将已称重的滤膜用镊子放入洁净采样夹内的滤网上，滤膜毛面应朝进气方向。将滤膜牢固压紧至不漏气。如果测定任何一次浓度，每次需更换滤膜；如测日平均浓度，样品可采集在一张滤膜上。采样结束后，用镊子取出。将有尘面两次对折，放入样品盒或纸袋，并做好采样记录。采用间断采样方式测定日平均浓度时，其次数不应少于 4 次，累积采样时间不应少于 18h。采样后滤膜样品的称量可按下述分析步骤进行。滤膜采集后，如不能立即称重，应在 4℃ 条件下冷藏保存。

（二）分析步骤

将滤膜放在恒温恒湿箱（室）中平衡 24h，平衡条件为：温度取 15～30℃ 中任何一个，相对湿度控制在 45%～55% 范围内，记录平衡温度与湿度。在上述平衡条件下，用感量为 0.1mg 或 0.01mg 的分析天平称量滤膜，记录滤膜质量。同一滤膜在恒温恒湿箱（室）中相同条件下再平衡 1h 后称重。对于 PM_{10} 和 $PM_{2.5}$ 颗粒物样品滤膜，两次质量之差分别小于 0.4mg 或 0.04mg 为满足恒重要求。

五、实验结果与数据处理

$PM_{2.5}$ 和 PM_{10} 浓度按下式计算：

$$\rho = \frac{w_2 - w_1}{V} \times 1000 \tag{2-38}$$

式中　ρ ——PM_{10} 或 $PM_{2.5}$ 浓度，mg/m³；

w_2 ——采样后滤膜的质量，g；

w_1 ——空白滤膜的质量，g；

V ——已换算成标准状态（101.325kPa，273 K）下的采样体积，m³。

计算结果保留 3 位有效数字。小数点后数字可保留到第 3 位。

六、注意事项

（1）采样器每次使用前需进行流量校准。

（2）滤膜使用前需进行检查，不得有针孔或任何缺陷。滤膜称量时要消除静电的影响。

（3）取清洁滤膜若干张，在恒温恒湿箱（室）中按平衡条件平衡24h后称重。每张滤膜非连续称量10次以上，以每张滤膜的质量平均值为该张滤膜的原始质量。以上述滤膜作为"标准滤膜"。每次称滤膜的同时，称量两张"标准滤膜"。若标准滤膜称出的质量在原始质量±5mg（大流量）或±0.5mg（中流量和小流量）范围内则认为该批样品滤膜称量合格，数据可用。否则，应检查称量条件是否符合要求并重新称量该批样品滤膜。

（4）要经常检查采样头是否漏气。当滤膜安放正确且采样系统无漏气时，采样后滤膜上颗粒物与四周白边之间界限应清晰，如出现界限模糊时，则表明应更换滤膜密封垫。

（5）对电机有电刷的采样器，应尽可能在电机由于电刷原因停止工作前更换电刷，以免使采样失败。更换电刷后要重新校准流量。新更换电刷的采样器应在负载条件下运转1h，待电刷与转子的整流子良好接触后，再进行流量校准。

（6）采样前后，滤膜称量应使用同一台分析天平。

七、思考题

（1）除本方法外，还有其他方法可以测定环境空气中PM_{10}和$PM_{2.5}$吗？请详细说明。

（2）颗粒物采样时对采样环境的要求是什么？

（3）总悬浮颗粒物是什么？它又分为哪几类？请详细说明。

实验12　电感耦合等离子体发射光谱法测定颗粒物中金属元素

一、实验目的和要求

（1）了解测定颗粒物中金属元素的方法和意义。

（2）掌握电感耦合等离子体发射光谱法测定颗粒物中金属元素的原理及基本操作。

（3）熟悉电感耦合等离子体发射光谱法测定过程中的干扰消除方法。

二、实验原理

将采集到合适滤材上的空气和废气颗粒物样品经微波消解或电热板消解后，用电感耦合等离子体发射光谱法（ICP-OES）测定各金属元素的含量。消解后的试样进入等离子体发射光谱仪的雾化器中被雾化，由氩气带入等离子体火炬中，目标元素在等离子体火炬中被气化、电离、激发并辐射出特征谱线。在一定浓度范围内，其特征谱线强度与元素浓度成正比。

三、仪器与试剂

（一）仪器与器皿

（1）颗粒物采样器。

（2）电感耦合等离子体发射光谱仪。

（3）消解装置：微波消解仪、电热板、微波消解容器、高压消解罐。

（4）100mL 聚四氟乙烯烧杯和 100mL 聚乙烯或聚丙烯瓶。

（5）陶瓷剪刀。

（6）其他一般实验室常用仪器和器皿。

（二）试剂

除非另有说明外，分析时均使用符合国家标准的优级纯或高纯（如微电子级）化学试剂。实验用水为去离子水或纯度达到比电阻≥18MΩ·cm 的水。

（1）硝酸：$\rho(HNO_3)$=1.42g/mL。

（2）盐酸：$\rho(HCl)$=1.19g/mL。

（3）过氧化氢：$w(H_2O_2)$=30%。

（4）氢氟酸：$\rho(HF)$=1.16g/mL。

（5）高氯酸：$\rho(HClO_4)$=1.67g/mL。

（6）硝酸-盐酸混合消解液：于约 500mL 水中加入 55.5mL 硝酸及 167.5mL 盐酸，用水稀释并定容至 1 L。

（7）硝酸溶液（体积比为 1∶1）：于 400mL 水中加入 500mL 硝酸，用水稀释并定容至 1 L。

（8）硝酸溶液（体积比为 1∶9）：于 400mL 水中加入 100mL 硝酸，用水稀释并定容至 1 L。

（9）硝酸溶液（体积比为 1∶99，标准系列空白溶液）：于 400mL 水中加入 10.0mL 硝酸，用水稀释并定容至 1 L。

（10）硝酸溶液（体积比为 2∶98，系统洗涤溶液）：于 400mL 水中加 20.0mL 硝酸，用水稀释并定容至 1 L。主要用于冲洗仪器系统中的残留物。

（11）盐酸溶液（体积比为 1∶1）：于 400mL 水中加入 500mL 盐酸，用水稀释并定容至 1 L。

（12）盐酸溶液（体积比为 1∶4）：于 400mL 水中加入 200mL 盐酸，用水稀释并定容至 1 L。

（13）标准溶液：市售有证标准溶液。多元素标准储备溶液，ρ=100mg/L。单元素标准储备液，ρ=1000mg/L。

（14）石英滤膜、聚四氟乙烯滤膜或聚丙烯等有机滤膜。对粒径大于 0.3μm 颗粒物的阻留效率不低于 99%。

（15）石英滤筒、玻纤滤筒。对粒径大于 0.3μm 颗粒物的阻留效率不低于 99.9%。

（16）氩气：纯度≥99.9%。

具体参见 HJ 777—2015。

四、实验步骤

（一）样品采集与保存

（1）样品采集。按照 HJ 664 的要求设置环境空气采样点位。采集滤膜样品时，使用中流量采样器，至少采集 10m³（标准状态）。当金属浓度较低或采集 PM_{10}（$PM_{2.5}$）样品时，可适当增加采样体积，采样时应详细记录采样环境条件。对于无组织排放大气颗粒物样品的采集，按照 HJ/T 55 中有关要求设置监测点位，其他同环境空气样品采集要求。污染源废气样品采样过程按照 GB/T 16157 中颗粒物采样的要求执行。使用烟尘采样器采集滤筒样品至少 0.600m³（标准状态干烟气）。当重金属浓度较低时可适当增加采样体积。如管道内烟气温度高于需采集的相关金属熔点，应采取降温措施，使进入滤筒前的烟气温度低于其熔点。

(2) 样品保存。滤膜样品采集后将有尘面两次向内对折，放入样品盒或纸袋中保存；滤筒样品采集后将封口向内折叠，竖直放回原采样套筒中密闭保存。样品应在干燥、通风、避光的室温环境下保存。

（二）试样制备

（1）微波消解。取适量滤膜或滤筒样品（例如：大流量采样器矩形滤膜可取1/4，或截取直径为47mm的圆片；小流量采样器圆滤膜取整张，滤筒取整个），用陶瓷剪刀剪成小块置于微波消解容器中，加入20.0mL硝酸-盐酸混合消解液，使滤膜（滤筒）碎片浸没其中，加盖，置于消解罐组件中并旋紧，放到微波转盘架上。设定消解温度为200℃，消解持续时间为15min。消解结束后，取出消解罐组件，冷却，以水淋洗微波消解容器内壁，加入约10mL水，静置0.5h进行浸提。将浸提液过滤到100mL容量瓶中，用水定容至100mL刻度，待测。当有机物含量过高时，可在消解时加入适量的过氧化氢以分解有机物。

（2）电热板消解。取适量滤膜或滤筒样品（例如：大流量采样器矩形滤膜可取1/4，或截取直径为47mm的圆片；小流量采样器圆滤膜取整张，滤筒取整个），用陶瓷剪刀剪成小块置于聚四氟乙烯烧杯中，加入20.0mL硝酸-盐酸混合消解液，使滤膜（滤筒）碎片浸没其中，盖上表面皿，在（100±5）℃加热回流2h，冷却。以水淋洗烧杯内壁，加入约10mL水，静置0.5h进行浸提。将浸提液过滤到100mL容量瓶中，用水定容至100mL刻度，待测。当有机物含量过高时，可在消解时加入适量的过氧化氢消解，以分解有机物。

取与样品相同批号、相同面积的空白滤膜或滤筒，按与试样制备相同的步骤制备实验室空白试样。除了上述硝酸-盐酸混合溶液消解体系，也可根据实际工作需要选用其他能满足准确度和精密度要求的消解体系和消解方法。

（三）分析步骤

（1）仪器参数。采用仪器生产厂家推荐的仪器工作参数。表2-9给出了测量时的参考分析条件。

表2-9　ICP-OES测量参考分析条件

项目	高频功率/kW	等离子气流量/(L/min)	辅助气流量/(L/min)	载气流量/(L/min)	进样量/(mL/min)	观测距离/mm
数值	1.4	15.0	0.22	0.55	1.0	1.5

点燃等离子体后，设定工作参数，待仪器预热至各项指标稳定后开始进行测量。

（2）波长选择。在最佳测量条件下，对每个被测元素选择2～3条谱线进行测定，分析比较每条谱线的强度、谱图及干扰情况，在此基础上选择各元素的最佳分析谱线。

（3）分析测定。

① 校准曲线。表2-10给出了标准溶液参考浓度范围。建议在此范围内除标准系列空白溶液，依次加入多元素标准储备液配制3～5个浓度水平的标准系列。各浓度点用硝酸溶液（标准系列空白溶液）定容至50.0mL。可根据实际样品中待测元素浓度情况调整校准曲线浓度范围。将标准溶液依次导入发射光谱仪进行测量，以浓度为横坐标，元素响应强度为纵坐标，建立校准曲线。

表 2-10　校准曲线标准溶液参考浓度范围

元素	浓度范围/（mg/L）
Co、Cr、Cu、Ni、Pb、As、Ag、Be、Bi、Cd、Sr	0.00～1.00
Ba、Mn、V、Ti、Zn、Sn、Sb	0.00～5.00
Al、Fe、Ca、Mg、Na、K	0.00～10.0

② 样品测定。分析样品前，用硝酸溶液（系统洗涤溶液）冲洗系统直到空白强度值降至最低，待分析信号稳定后开始分析样品。样品测量过程中，若样品中待测元素浓度超出校准曲线范围，样品需稀释后重新测定。

五、实验结果与数据处理

颗粒物中金属元素的浓度按下列公式计算：

$$\rho = (C - C_0) V_s \frac{n}{V_{std}} \qquad (2\text{-}39)$$

式中　ρ ——颗粒物中金属元素浓度，$\mu g/m^3$；

　　　C ——试样中金属元素浓度，$\mu g/mL$；

　　　C_0 ——空白试样中金属元素浓度，$\mu g/mL$；

　　　V_s ——试样或试样消解后定容体积，mL；

　　　n ——滤膜切割的份数（即采样滤膜面积与消解时截取的面积之比，滤筒 $n=1$）；

　　　V_{std} ——标准状态（273K，101.325kPa）下采样体积，对污染源废气样品，V_{std} 为标准状态下干烟气的采样体积，m^3。

当测定结果≥$1.00\mu g/m^3$ 时，数据保留三位有效数字。当测定结果<$1.00\mu g/m^3$ 时，小数点后有效数字的保留与待测元素方法检出限保持一致。

六、注意事项

（1）各种型号仪器的测定条件不尽相同，应根据仪器说明书选择合适的测量条件。

（2）砷、铅、镍等金属元素有毒性，实验过程中应做好安全防护工作。

七、思考题

（1）电感耦合等离子体发射光谱法的分析原理是什么？它常用在哪些领域？请举例说明。

（2）电感耦合等离子体发射光谱法通常存在哪些干扰？请具体说明。

实验 13　离子色谱法测定颗粒物中水溶性阴离子和阳离子

一、实验目的和要求

（1）了解颗粒物中阴离子和阳离子的测定方法和意义。

（2）掌握离子色谱法测定颗粒物中阴离子和阳离子的原理及基本操作。

二、实验原理

采集的环境空气颗粒物样品，采用去离子水超声提取，经阴离子或阳离子色谱柱交换分离后，用抑制型电导检测器检测。根据保留时间定性，峰高或峰面积定量。

三、仪器与试剂

（一）仪器与器皿

（1）环境空气颗粒物采样器、环境空气降尘样品集尘缸、采样滤膜。
（2）离子色谱分析系统：由离子色谱仪、操作软件及所需附件组成的分析系统。
（3）滤膜盒：聚四氟乙烯（PTFE）或聚苯乙烯（PS）材质。
（4）样品瓶：硬质玻璃或聚乙烯材质，容积≥100mL，带螺旋盖。
（5）超声波清洗器：频率 40~60kHz。
（6）抽气过滤装置：配有孔径≤0.45μm 的醋酸纤维或聚乙烯滤膜。
（7）样品管：聚丙烯（PP）或聚四氟乙烯（PTFE）材质，具螺旋盖。
（8）一次性水系微孔滤膜针筒过滤器：孔径 0.45μm。
（9）一次性注射器：1~10mL。
（10）其他一般实验室常用仪器与器皿。

（二）试剂

除非另有说明，分析时均使用符合国家标准的分析纯试剂。实验用水为电阻率≥18MΩ·cm（25℃），并经过 0.45μm 微孔滤膜过滤的去离子水。

阴离子测定所需试剂：

（1）氟化钠（NaF）、氯化钠（NaCl）、溴化钾（KBr）、硝酸钾（KNO$_3$）、磷酸二氢钾（KH$_2$PO$_4$）、无水硫酸钠（Na$_2$SO$_4$）：优级纯，使用前应于（105±5）℃干燥恒重后，置于干燥器中保存。
（2）亚硝酸钠（NaNO$_2$）、亚硫酸钠（Na$_2$SO$_3$）：优级纯，使用前应置于干燥器中平衡 24h。
（3）甲醛（CH$_2$O）：纯度 40%。
（4）碳酸钠（Na$_2$CO$_3$）：使用前应于（105±5）℃干燥恒重后，置于干燥器中保存。
（5）碳酸氢钠（NaHCO$_3$）：使用前应置于干燥器中平衡 24h。
（6）氢氧化钠（NaOH）：优级纯。
（7）氟离子标准储备液，$\rho(F^-)$=1000mg/L：准确称取 2.2100g 氟化钠溶于适量水中，转入 1000mL 容量瓶，用水稀释定容至标线，混匀。然后转移至聚乙烯瓶中，于 4℃以下冷藏、避光和密封，可保存 6 个月。亦可购买市售有证标准物质。
（8）氯离子标准储备液，$\rho(Cl^-)$=1000mg/L：准确称取 1.6485g 氯化钠溶于适量水中，转入 1000mL 容量瓶，用水稀释定容至标线，混匀。然后转移至聚乙烯瓶中，于 4℃以下冷藏、避光和密封，可保存 6 个月。亦可购买市售有证标准物质。
（9）溴离子标准储备液，$\rho(Br^-)$=1000mg/L：准确称取 1.4875g 溴化钾溶于适量水中，转入 1000mL 容量瓶，用水稀释定容至标线，混匀。然后转移至聚乙烯瓶中，于 4℃以下冷藏、避光和密封，可保存 6 个月。亦可购买市售有证标准物质。
（10）亚硝酸根标准储备液，$\rho(NO_2^-)$=1000mg/L：准确称取 1.4997g 亚硝酸钠溶于适量水中，转入1000mL容量瓶，用水稀释定容至标线，混匀。然后转移至聚乙烯瓶中，于4℃以下冷藏、避光和密封，可保存1个月。亦可购买市售有证标准物质。

（11）硝酸根标准储备液，$\rho(NO_3^-)$=1000mg/L：准确称取1.6304g硝酸钾溶于适量水中，转入1000mL容量瓶，用水稀释定容至标线，混匀。然后转移至聚乙烯瓶中，于4℃以下冷藏、避光和密封，可保存6个月。亦可购买市售有证标准物质。

（12）磷酸根标准储备液，$\rho(PO_4^{3-})$=1000mg/L：准确称取1.4316g磷酸二氢钾溶于适量水中，全量转入1000mL容量瓶，用水稀释定容至标线，混匀。然后转移至聚乙烯瓶中，于4℃以下冷藏、避光和密封，可保存1个月。亦可购买市售有证标准物质。

（13）亚硫酸根标准储备液，$\rho(SO_3^{2-})$=1000mg/L：准确称取1.5750g亚硫酸钠溶于适量水中，转入1000mL容量瓶，加入1mL甲醛进行固定（为防止SO_3^{2-}氧化），用水稀释定容至标线，混匀。然后转移至聚乙烯瓶中，于4℃以下冷藏、避光和密封，可保存1个月。

（14）硫酸根标准储备液，$\rho(SO_4^{2-})$=1000mg/L：准确称取1.4792g无水硫酸钠溶于适量水中，全量转入1000mL容量瓶，用水稀释定容至标线，混匀。然后转移至聚乙烯瓶中，于4℃以下冷藏、避光和密封，可保存6个月。亦可购买市售有证标准物质。

（15）混合标准使用液：分别移取10.0mL氟离子标准储备液、100.0mL氯离子标准储备液、10.0mL溴离子标准储备液、10.0mL亚硝酸根标准储备液、100.0mL硝酸根标准储备液、50.0mL磷酸根标准储备液、50.0mL亚硫酸根标准储备液、200.0mL硫酸根标准储备液于1000mL容量瓶中，用水稀释定容至标线，混匀。配制成含有10mg/L的F^-、100mg/L的Cl^-、10mg/L的Br^-、10mg/L的NO_2^-、100mg/L的NO_3^-、50mg/L的PO_4^{3-}、50mg/L的SO_3^{2-}和200mg/L的SO_4^{2-}的混合标准使用液。

（16）淋洗液：根据仪器型号及色谱柱说明书使用条件进行配制。以下给出的淋洗液条件供参考。

碳酸盐淋洗液Ⅰ，$c(Na_2CO_3)$=6.0mmol/L，$c(NaHCO_3)$=5.0mmol/L：准确称取1.2720g碳酸钠和0.8400g碳酸氢钠，分别溶于适量水中，转入2000mL容量瓶，用水稀释定容至标线，混匀。

碳酸盐淋洗液Ⅱ，$c(Na_2CO_3)$=3.2mmol/L，$c(NaHCO_3)$=1.0mmol/L：准确称取0.6784g碳酸钠和0.1680g碳酸氢钠，分别溶于适量水中，转入2000mL容量瓶，用水稀释定容至标线，混匀。

氢氧根淋洗液（由仪器自动在线生成或手工配制）：①氢氧化钾淋洗液：由淋洗液自动电解发生器在线生成；②氢氧化钠淋洗液，$c(NaOH)$=100mmol/L：准确称取100.0g氢氧化钠，加入100mL水，搅拌至完全溶解，于聚乙烯瓶中静置24h，制得氢氧化钠储备液，于4℃以下冷藏、避光和密封，可保存3个月，移取5.20mL上述氢氧化钠储备液于1000mL容量瓶中，用水稀释定容至标线，混匀后立即转移至淋洗液瓶中。可加氮气保护，以防止碱性淋洗液吸收空气中的CO_2而失效。

阳离子测定所需试剂：

（1）浓硝酸（HNO_3），优级纯，ρ=1.42g/mL。

（2）硝酸锂（$LiNO_3$）、硝酸钠（$NaNO_3$）、氯化铵（NH_4Cl）、硝酸钾（KNO_3）：优级纯，使用前应于（105±5）℃干燥恒重后，置于干燥器中保存。

（3）硝酸钙[$Ca(NO_3)_2·4H_2O$]和硝酸镁[$Mg(NO_3)_2·6H_2O$]：优级纯，使用前应置于干燥器中平衡24h。

（4）甲烷磺酸，$w(CH_3SO_3H)$≥99%。

（5）硝酸溶液，$c(HNO_3)$=1mol/L：移取 68.26mL 浓硝酸缓慢加入水中，用水稀释至 1000mL，混匀。

（6）锂离子标准储备液，$\rho(Li^+)$=1000mg/L：称取 9.9337g 硝酸锂溶于适量水中，转入 1000mL 容量瓶，用水稀释定容至标线，混匀。然后转移至聚乙烯瓶中，于 4℃以下冷藏、避光和密封，可保存 6 个月。亦可购买市售有证标准物质。

（7）钠离子标准储备液，$\rho(Na^+)$=1000mg/L：称取 3.6977g 硝酸钠溶于适量水中，转入 1000mL 容量瓶，用水稀释定容至标线，混匀。然后转移至聚乙烯瓶中，于 4℃以下冷藏、避光和密封，可保存 6 个月。亦可购买市售有证标准物质。

（8）铵离子标准储备液，$\rho(NH_4^+)$=1000mg/L：称取 2.9654g 氯化铵溶于适量水中，转入 1000mL 容量瓶，用水稀释定容至标线，混匀。然后转移至聚乙烯瓶中，于 4℃以下冷藏、避光和密封，可保存 6 个月。亦可购买市售有证标准物质。

（9）钾离子标准储备液，$\rho(K^+)$=1000mg/L：称取 2.5857g 硝酸钾溶于适量水中，转入 1000mL 容量瓶，用水稀释定容至标线，混匀。然后转移至聚乙烯瓶中，于 4℃以下冷藏、避光和密封，可保存 6 个月。亦可购买市售有证标准物质。

（10）钙离子标准储备液，$\rho(Ca^{2+})$=1000mg/L：称取 5.8919g 硝酸钙溶于适量水中，转入 1000mL 容量瓶中，加入 1.00mL 硝酸溶液，用水稀释定容至标线，混匀。然后转移至聚乙烯瓶中，于 4℃以下冷藏、避光和密封，可保存 6 个月。亦可购买市售有证标准物质。

（11）镁离子标准储备液，$\rho(Mg^{2+})$=1000mg/L：称取 10.5518g 硝酸镁溶于适量水中，转入 1000mL 容量瓶中，加入 1.00mL 硝酸溶液，用水稀释定容至标线，混匀。然后转移至聚乙烯瓶中，于 4℃以下冷藏、避光和密封，可保存 6 个月。亦可购买市售有证标准物质。

（12）混合标准使用液：分别移取 10.0mL 锂离子标准储备液、50.0mL 钠离子标准储备液、10.0mL 铵离子标准储备液、50.0mL 钾离子标准储备液、250mL 钙离子标准储备液、50.0mL 镁离子标准储备液于 1000mL 容量瓶中，用水稀释定容至标线，混匀。配制成含有 10.0mg/L 的 Li^+、50.0mg/L 的 Na^+、10.0mg/L 的 NH_4^+、50.0mg/L 的 K^+、250mg/L 的 Ca^{2+} 和 50.0mg/L 的 Mg^{2+} 的混合标准使用液。

（13）淋洗液：根据仪器型号及色谱柱说明书使用条件进行配制。以下给出的淋洗液条件供参考。

甲磺酸淋洗储备液，$c(CH_3SO_3H)$=1mol/L：移取 65.58mL 甲烷磺酸溶于适量水中，转入 1000mL 容量瓶，用水稀释定容至标线，混匀。该溶液储存于玻璃试剂瓶中，常温下可保存 3 个月。

甲磺酸淋洗使用液，$c(CH_3SO_3H)$=0.02mol/L：移取 40.00mL 甲磺酸淋洗储备液于 2000mL 容量瓶中，用水稀释定容至标线，混匀。

硝酸淋洗使用液，$c(HNO_3)$=7.25mmol/L：移取 14.50mL 硝酸溶液于 2000mL 容量瓶中，用水稀释定容至标线，混匀。

具体参照 HJ 799—2016 和 HJ 800—2016。

四、实验步骤

（一）样品采集和试样制备

（1）环境空气颗粒物滤膜样品的采集。按照 HJ 618、GB/T 15432 和 HJ/T 194 的相关规定执行。

采样流量为 100L/min，采样时间为（24±1）h。

（2）环境空气颗粒物降尘样品的采集。采样前不能在集尘缸内加入硫酸铜、防冻液等化学试剂，采样时间（30±2）d。其他采样要求按照 GB/T 15265 的相关规定执行。

（3）样品的运输和保存。环境空气颗粒物滤膜样品：在运输和保存时应存放于滤膜盒中，避免折叠或挤压；在无刺激性气体、避免阳光照射的常温环境条件下，置于干燥器内密封保存，7d 内完成测定。环境空气降尘样品：置于样品瓶中，在干燥器内保存，30d 内完成测定。

（4）颗粒物滤膜试样的制备。小心剪取 1/4～1 张颗粒物滤膜样品，放入样品瓶，加入 100.0mL 实验用水浸没滤膜，加盖浸泡 30min 后，置于超声波清洗器中超声提取 20min。提取液经抽气过滤装置过滤后，倾入样品管，通过离子色谱仪的自动进样器直接进样测定，也可用带有水系微孔滤膜针筒过滤器的一次性注射器手动进样测定。

（5）降尘试样的制备。准确称取 0.1000g 降尘样品，转入样品瓶中，加水 100.0mL。将其置于超声波清洗器内超声提取 20min。提取液经抽气过滤装置过滤后，制备成环境空气降尘试样，待测。当降尘样品不足 0.1000g 时，可酌量称取。

同时应进行实验室空白试样和全程序空白试样的制备。

（二）离子色谱分析参考条件

根据仪器使用说明书优化测量条件或参数，可按照实际样品的基体及组成优化淋洗液浓度。以下给出的离子色谱分析条件供参考。

阴离子测定：

（1）参考条件 1。阴离子分离柱。碳酸盐淋洗液Ⅰ，流速 1.0mL/min，抑制型电导检测器，连续自循环再生抑制器；或者碳酸盐淋洗液Ⅱ，流速 0.7mL/min，抑制型电导检测器，连续自循环再生抑制器，CO_2 抑制器。进样量 25μL。

（2）参考条件 2。阴离子分离柱。氢氧根淋洗液，流速 1.2mL/min，梯度淋洗条件见表 2-11，抑制型电导检测器，连续自循环再生抑制器。进样量 25μL。

阳离子测定：

（1）参考条件 1。阳离子分离柱。甲磺酸淋洗使用液，流速 1.0mL/min，抑制型电导检测器，连续自循环再生抑制器。进样量 25μL。

（2）参考条件 2。阳离子分离柱。硝酸淋洗使用液，流速 0.9mL/min，非抑制型电导检测器。进样量 25μL。

表 2-11 氢氧根淋洗液梯度淋洗条件   单位：%

时间/min	A（H_2O）	B（100mmol/L NaOH）
0	90	10
25	40	60
25.1	90	10
30	90	10

（三）标准曲线的绘制

分别准确移取 0.00mL、1.00mL、2.00mL、5.00mL、10.0mL、20.0mL 混合标准使用液置于一

组 100mL 容量瓶中,用水定容至标线,混匀。配制成 6 个不同浓度的混合标准系列,阴离子和阳离子标准系列质量浓度分别见表 2-12 和表 2-13。可根据被测样品的浓度确定合适的标准系列浓度范围,按其浓度由低到高的顺序依次注入离子色谱仪,记录峰面积(或峰高)。以各离子的质量浓度为横坐标,峰面积(或峰高)为纵坐标,绘制标准曲线。

表 2-12　阴离子标准系列浓度

阴离子名称	标准系列浓度/(mg/L)					
F^-	0.00	0.10	0.20	0.50	1.00	2.00
Cl^-	0.00	1.00	2.00	5.00	10.0	20.0
Br^-	0.00	0.10	0.20	0.50	1.00	2.00
NO_2^-	0.00	0.10	0.20	0.50	1.00	2.00
NO_3^-	0.00	1.00	2.00	5.00	10.0	20.0
PO_4^{3-}	0.00	0.50	1.00	2.50	5.00	10.0
SO_3^{2-}	0.00	0.50	1.00	2.50	5.00	10.0
SO_4^{2-}	0.00	2.00	4.00	10.0	20.0	40.0

表 2-13　阳离子标准系列浓度

阳离子名称	标准系列浓度/(mg/L)					
Li^+	0.00	0.10	0.20	0.50	1.00	2.00
Na^+	0.00	0.50	1.00	2.50	5.00	10.0
NH_4^+	0.00	0.10	0.20	0.50	1.00	2.00
K^+	0.00	0.50	1.00	2.50	5.00	10.0
Ca^{2+}	0.00	2.50	5.00	12.5	25.0	50.0
Mg^{2+}	0.00	0.50	1.00	2.50	5.00	10.0

(四)试样的测定

按照与绘制标准曲线相同的色谱条件和步骤,将试样注入离子色谱仪测定阴、阳离子浓度,以保留时间定性,仪器响应值定量。同时按要求测定实验室空白试样和全程序空白试样。

五、实验结果与数据处理

(一)环境空气颗粒物(滤膜样品)中水溶性阴离子或阳离子含量计算

滤膜样品中水溶性阴离子(F^-、Cl^-、Br^-、NO_2^-、NO_3^-、PO_4^{3-}、SO_3^{2-}、SO_4^{2-})或阳离子(Li^+、Na^+、NH_4^+、K^+、Ca^{2+}、Mg^{2+})的质量浓度(ρ,μg/m³)按照式(2-40)计算:

$$\rho = \frac{(\rho_1 - \rho_0)VND}{V_{nd}} \tag{2-40}$$

式中　ρ ——滤膜样品中阴离子或阳离子的质量浓度,μg/m³;

　　　ρ_1 ——试样中阴离子或阳离子的质量浓度,mg/L;

　　　ρ_0 ——滤膜实验室空白试样中阴离子或阳离子质量浓度平均值,mg/L;

V ——提取液体积，100.0mL；

N ——滤膜切取份数，取整张滤膜超声提取则 N=1，取 1/4 张滤膜则 N=4；

D ——试样稀释倍数；

V_{nd} ——标准状态（101.325kPa，273K）下采样总体积，m³。

（二）环境空气颗粒物（降尘样品）中水溶性阴离子或阳离子含量计算

降尘样品中水溶性阴离子（F^-、Cl^-、Br^-、NO_2^-、NO_3^-、PO_4^{3-}、SO_3^{2-}、SO_4^{2-}）或阳离子（Li^+、Na^+、NH_4^+、K^+、Ca^{2+}、Mg^{2+}）的质量分数（w，mg/g）按式（2-41）计算：

$$w = \frac{(w_1 - w_0)V \times 10^{-3} D}{m} \tag{2-41}$$

式中　w ——降尘样品中阴离子或阳离子的质量分数，mg/g；

w_1 ——试样中阴离子或阳离子的质量浓度，mg/L；

w_0 ——降尘实验室空白试样中阴离子或阳离子质量浓度平均值，mg/L；

V ——提取液体积，100.0mL；

D ——试样稀释倍数；

m ——称取降尘样品的质量，g。

当样品含量＜1μg/m³（或 mg/g）时，结果保留至小数点后三位；当样品含量≥1μg/m³（或 mg/g）时，结果保留三位有效数字。

六、注意事项

（1）环境空气颗粒物采样滤膜应选用空白较低且数值稳定的产品。若空白滤膜中待测离子含量高出方法检出限时，玻璃纤维滤膜可用超纯水超声处理 2~5min，在洁净环境中晾干，并在干燥器中平衡 24h 后使用；石英滤膜可通过 450℃高温加热处理 1~2h，在干燥器中平衡 24h 后使用。处理后的滤膜应在 7d 内使用。

（2）在使用超声波清洗器时，禁止在水槽无水的情况下开机。清洗器水槽内加入的水量，不应超过总深度的 2/3。

（3）对日常采集的环境空气颗粒物滤膜样品和降尘样品，可预先按照 GB/T 15432 和 GB/T 15265 的要求完成其质量浓度的测定，再按照本实验方法进行水溶物的测定。

七、思考题

（1）如何解决 SO_3^{2-} 测定过程中其易被氧化的问题？

（2）对于保留时间相近的两种阳离子，当其浓度相差较大而影响低浓度离子的测定时，应该如何消除其干扰？请具体说明。

参考文献

[1] 环境空气 二氧化硫的测定甲醛吸收—副玫瑰苯胺分光光度法：HJ 482—2009 [S] . 2009.

[2] 环境空气 氮氧化物（一氧化氮和二氧化氮）的测定 盐酸萘乙二胺分光光度法：HJ 479—2009 [S] . 2009.

[3] 环境空气 臭氧的自动测定 化学发光法：HJ 1225—2021 [S] . 2021.

[4] 环境空气 一氧化碳的自动测定非分散红外法：HJ 965—2018 [S] . 2018.

［5］环境空气气态污染物（SO_2、NO_2、O_3、CO）连续自动监测系统技术要求及检测方法：HJ 652—2013［S］．2013．
［6］环境空气气态污染物（SO_2、NO_2、O_3、CO）连续自动监测系统安装验收技术规范：HJ 193—2013［S］．2013．
［7］环境空气气态污染物（SO_2、NO_2、O_3、CO）连续自动监测系统运行和质控技术规范：HJ 818—2018［S］．2018．
［8］空气质量 甲醛的测定 乙酰丙酮分光光度法：GB/T 15516—1995［S］．1995．
［9］环境空气 苯系物的测定 活性炭吸附/二硫化碳解吸-气相色谱法：HJ 582—2010［S］．2010．
［10］环境空气和废气 气相和颗粒物中多环芳烃的测定 高效液相色谱法：HJ 647—2013［S］．2013．
［11］环境空气 有机氯农药的测定 高分辨气相色谱-高分辨质谱法：HJ 1222—2021［S］．2021．
［12］环境空气 挥发性有机物的测定罐采样/气相色谱-质谱法：HJ 759—2015［S］．2015．
［13］环境空气和废气 二噁英类的测定 同位素稀释高分辨气相色谱-高分辨质谱法：HJ 77.2—2008［S］．2008．
［14］环境空气有机氯农药的测定气相色谱-质谱法：HJ 900—2017［S］．2017．
［15］环境空气 半挥发性有机物采样技术导则：HJ 691—2014［S］．2014．
［16］环境空气质量手工监测技术规范：HJ 194—2017［S］．2017．
［17］环境空气 PM_{10} 和 $PM_{2.5}$ 的测定 重量法：HJ 618—2011［S］．2011．
［18］空气和废气 颗粒物中金属元素的测定 电感耦合等离子体发射光谱法：HJ 777—2015［S］．2015．
［19］环境空气质量监测点位布设技术规范（试行）：HJ 662—2013［S］．2013．
［20］大气污染物无组织排放监测技术导则：HJ/T 55—2000［S］．2000．
［21］固定污染源排气中颗粒物测定与气态污染物采样方法：GB/T 16157—1996［S］．1996．
［22］环境空气 颗粒物中水溶性阴离子（F^-、Cl^-、Br^-、NO_2^-、NO_3^-、PO_4^{3-}、SO_3^{2-}、SO_4^{2-}）的测定 离子色谱法：HJ 799—2016［S］．2016．
［23］环境空气 颗粒物中水溶性阳离子（Li^+、Na^+、NH_4^+、K^+、Ca^{2+}、Mg^{2+}）的测定 离子色谱法：HJ 800—2016．［S］．2016．
［24］环境空气 总悬浮颗粒物的测定 重量法：GB/T 15432—1995［S］．1995．
［25］环境空气 降尘的测定 重量法：GB/T 15265—1994［S］．1994．

第三章 水质监测

第一节 有机化合物的测定

实验 1 快速消解分光光度法测定水中的化学需氧量

一、实验目的和要求

（1）了解化学需氧量（COD）的概念和测定意义。

（2）掌握快速消解分光光度法测定 COD 的原理及基本操作。

二、实验原理

化学需氧量（COD）是指水体中易被强氧化剂氧化的还原性物质所消耗的氧化剂的量，结果折算成氧的量（mg/L）。以重铬酸钾为强氧化剂，在试样中加入已知量的重铬酸钾溶液，在强硫酸介质中，以硫酸银作为催化剂，经高温消解后，用分光光度法测定 COD 值。

当试样中 COD 值介于 100~1000mg/L，在（600±20）nm 波长处测定重铬酸钾被还原产生的三价铬（Cr^{3+}）的吸光度，试样中 COD 值与三价铬（Cr^{3+}）的吸光度的增加值成正比例关系，可将三价铬（Cr^{3+}）的吸光度换算成试样的 COD 值。

三、仪器与试剂

（一）仪器与器皿

（1）分光光度计：光度测量范围不小于 0~2 的吸光度范围，灵敏度为 0.001 吸光度值，宜选用消解比色管测定 COD 的专用分光光度计。

（2）加热装置：加热器应具有自动恒温加热，加热过程中不会产生局部过热现象。加热孔的直径应能使消解管与加热壁紧密接触。加热器加热后应在 10min 内达到设定的（165±2）℃温度。

（3）消解管：由耐酸玻璃制成，在 165℃下能承受 600kPa 的压力，管盖应耐热耐酸，使用前所有的消解管和管盖应均无任何破损或裂纹。

（4）消解管支架：不擦伤消解比色管光度测量的部位，方便消解管的放置和取出，耐 165℃热烫的支架。

（5）离心机：可放置消解比色管进行离心分离，转速范围为 0～4000r/min。

（二）试剂

除另有说明外，所用试剂均为分析纯试剂，实验用水为新制备的去离子水或蒸馏水。

（1）硫酸，$\rho(H_2SO_4)$=1.84g/mL。

（2）硫酸溶液（体积比为 1∶9）：将 100mL 硫酸沿烧杯壁缓慢加入 900mL 水中，搅拌混匀，冷却备用。

（3）硫酸银-硫酸溶液，$\rho(Ag_2SO_4)$=10g/L：将 5.0g 硫酸银加入 500mL 硫酸中，静置 1～2d，搅拌使其溶解。

（4）硫酸汞溶液，$\rho(HgSO_4)$=0.24g/mL：将 48.0g 硫酸汞分次加入 200mL 硫酸溶液（体积比为 1∶9）中，搅拌溶解，此溶液可稳定保存 6 个月。

（5）重铬酸钾标准溶液，$c(1/6\ K_2Cr_2O_7)$=0.500mol/L：将重铬酸钾在（120±2）℃下干燥至恒重后，分别称取 24.5154g 重铬酸钾置于烧杯中，加入 600mL 水，搅拌下慢慢加入 100mL 硫酸（1），溶解冷却后，转移此溶液于 1000mL 容量瓶中，用水稀释至标线，摇匀。溶液可稳定保存 6 个月。

（6）邻苯二甲酸氢钾 COD 标准储备液，COD 值为 5000mg/L：将邻苯二甲酸氢钾在 105～110℃下干燥至恒重后，称取 2.1274g 邻苯二甲酸氢钾溶于 250mL 水中，转移此溶液于 500mL 容量瓶中，用水稀释至标线，摇匀。此溶液在 2～8℃下储存，或在定容前加入约 10mL 硫酸溶液（体积比为 1∶9），常温储存，可稳定保存一个月。

（7）邻苯二甲酸氢钾 COD 标准系列使用液，COD 值分别为 100mg/L、200mg/L、400mg/L、600mg/L、800mg/L 和 1000mg/L：分别量取 5.00mL、10.00mL、20.00mL、30.00mL、40.00mL 和 50.00mL 的 COD 标准储备液，加入相应的 250mL 容量瓶中，用水定容至标线，摇匀。此溶液在 2～8℃下储存，可稳定保存一个月。

（8）预装混合试剂：在一支消解管中，按表 3-1 的要求加入重铬酸钾溶液、硫酸汞溶液和硫酸银-硫酸溶液，拧紧盖子，轻轻摇匀，冷却至室温，避光保存。在使用前应将混合试剂摇匀。预装混合试剂在常温避光条件下，可稳定保存 1 年。

表 3-1 预装混合试剂及方法（试剂）标识

测定方法	测定范围/（mg/L）	重铬酸钾溶液用量/mL	硫酸汞溶液用量/mL	硫酸银-硫酸溶液用量/mL	消解管规格/mm
比色池（皿）分光光度法[①]	100～1000	1.00	0.50	6.00	ϕ20×120
					ϕ16×150
比色管分光光度法[②]	100～1000	1 重铬酸钾溶液+硫酸汞溶液（体积比为1∶9）		4.00	ϕ16×120
					ϕ16×100

①比色池（皿）分光光度法的消解管宜选用 ϕ20mm×120mm 规格的密封管。
②比色管分光光度法宜选 ϕ16mm×120mm 规格的密封消解比色管。

四、实验步骤

（一）校准曲线的绘制

（1）打开加热器，预热至设定温度（165±2）℃。

（2）参考表 3-1，选定预装混合试剂，摇匀试剂后再拧开消解管管盖。

（3）量取相应体积的 COD 标准系列溶液沿消解管内壁慢慢加入消解管中。拧紧消解管管盖，手执管盖颠倒摇匀消解管中溶液，用无毛纸擦净管外壁。

（4）将消解管放入（165±2）℃的加热器的加热孔中，加热器温度略有降低，待温度升到设定的（165±2）℃时，计时加热 15min。

（5）待消解管冷却至 60℃左右时，手执管盖颠倒摇动消解管几次，使消解管内溶液均匀，用无毛纸擦净管外壁，静置，冷却至室温。

（6）在（600±20）nm 波长处，以水为参比液，用光度计测定吸光度值；测定的吸光度值减去空白实验测定的吸光度值的差值，绘制校准曲线。

（二）空白实验

用水代替试样，按照上述的步骤测定空白吸光度值，空白实验应与试样同时测定。

（三）试样的测定

（1）若水样 COD 浓度过高，水样应在搅拌均匀时取样稀释，一般取被稀释水样不少于 10mL，稀释倍数小于 10 倍，水样应逐次稀释为试样。

（2）按要求选定对应的预装混合试剂，将已稀释好的试样在搅拌均匀时，取相应体积的试样按照上述"（一）校准曲线的绘制"的测定步骤进行测试。

（3）测定的 COD 值由相应的校准曲线查得，或由分光光度计自动计算得出，COD 的测定结果通常应保留三位有效数字。

五、实验结果与数据处理

水样 COD 的计算参见式（3-1）：

$$\rho(\text{COD}) = n[k(A_s - A_0) + a] \tag{3-1}$$

式中　$\rho(\text{COD})$——水样 COD 值，mg/L；

　　　n——水样稀释倍数；

　　　k——校准曲线灵敏度，(mg/L)/1；

　　　A_s——试样测定的吸光度值；

　　　A_0——空白实验测定的吸光度值；

　　　a——校准曲线截距，mg/L。

六、注意事项

（1）氯离子是 COD 测试主要的干扰成分，水样中含有氯离子会使测定结果偏高，加入适量硫酸汞与氯离子形成可溶性氯化汞配合物，可减少氯离子的干扰。

（2）在（600±20）nm 处测试时，Mn(Ⅲ)、Mn(Ⅵ)或 Mn(Ⅶ)会形成红色物质，引起正偏差。其中 500mg/L 的锰溶液（硫酸盐形式）引起正偏差 COD 值为 1083mg/L，50mg/L 的锰溶液（硫酸盐形式）引起正偏差 COD 值为 121mg/L。

（3）在酸性重铬酸钾氧化条件下，一些芳香烃类、吡啶等有机物难以被氧化，其氧化率较低。

（4）硫酸汞属于剧毒化学品，硫酸也具有较强的化学腐蚀性，操作时应按规定要求佩戴防护器具，避免接触皮肤和衣服，若含硫酸溶液溅出，应立即用大量清水清洗；在通风柜内进行操作；检测后的残渣残液应做妥善的安全处理。

（5）若消解液因浑浊或有沉淀影响比色测定时，应用离心机离心变清后，再用光度计测定。若消解液颜色异常或离心后不能变澄清的样品不适用本测定方法。

七、思考题

（1）在 COD 的测试过程中为什么需要做空白试验？
（2）COD 测试过程中有哪些主要影响因素及避免方法？

实验 2　稀释与接种法测定水中五日生化需氧量

一、实验目的和要求

（1）了解环境污废水中五日生化需氧量（BOD_5）测定的意义。
（2）掌握稀释与接种法测定 BOD_5 的原理及基本操作。

二、实验原理

生化需氧量是指在规定的条件下，微生物分解水中某些可氧化的物质，特别是分解有机物的生物化学过程消耗的溶解氧。通常情况下是指水样充满完全密闭的溶解氧瓶中，在（20±1）℃的暗处培养 5d±4h，分别测定培养前后水样中溶解氧的质量浓度，由培养前后溶解氧的质量浓度之差，计算每升样品消耗的溶解氧量，以 BOD_5 形式表示。本方法的检出限为 0.5mg/L，测定下限为 2mg/L，非稀释法和非稀释接种法的测定上限为 6mg/L，稀释与稀释接种法的测定上限为 6000mg/L。若样品中的有机物含量较多，BOD_5 的质量浓度大于 6mg/L 时，样品需适当稀释后测定；当废水中存在难以被一般生活污水中的微生物以正常的速度降解的有机物或含有剧毒物质时，应将驯化后的微生物引入水样中进行接种。

三、仪器与试剂

（一）仪器与器皿

（1）滤膜：孔径为 1.6μm。
（2）溶解氧瓶：带水封装置，容积 250～300mL。
（3）稀释容器：1000～2000mL 的量筒或容量瓶。
（4）虹吸管：供分取水样或添加稀释水。
（5）溶解氧测定仪。
（6）冷藏箱：0～4℃。

（7）冰箱：有冷冻和冷藏功能。

（8）带风扇的恒温培养箱：（20±1）℃。

（9）曝气装置：多通道空气泵或其他曝气装置；曝气可能带来有机物、氧化剂和金属，导致空气污染，如有污染，空气应过滤清洗。

（二）试剂

（1）盐溶液：

磷酸盐缓冲溶液，pH=7.2：将8.5g磷酸二氢钾（KH_2PO_4）、21.8g磷酸氢二钾（K_2HPO_4）、33.4g七水合磷酸氢二钠（$Na_2HPO_4·7H_2O$）和1.7g氯化铵（NH_4Cl）溶于水中，稀释至1000mL，此溶液在0～4℃可稳定保存6个月。

硫酸镁溶液（$MgSO_4·7H_2O$，22.5g/L），氯化钙溶液（$CaCl_2$，27.6g/L），氯化铁溶液（$FeCl_3·6H_2O$，0.25g/L），以上溶液均可在0～4℃稳定保存6个月，若发现任何沉淀或微生物生长应弃去。

（2）稀释水：在5～20 L的玻璃瓶中加入一定量的水，控制水温为（20±1）℃，曝气至少1h使稀释水中的溶解氧达8mg/L以上。使用前每升水中加入上述四种盐溶液各1.0mL，混匀后于20℃下保存。稀释水中氧浓度不能过饱和，使用前需开口放置1h，且应在24h内使用，剩余的稀释水应弃去。

（3）接种液：可购买接种微生物用的接种物质，接种液的配制和使用按说明书要求操作。

（4）接种稀释水：根据接种液的来源不同，每升稀释水中加入适量接种液。例如城市生活污水和污水处理厂出水加1～10mL，河水或湖水加10～100mL，将接种稀释水存放在（20±1）℃的环境中，当天配制当天使用。接种的稀释水pH值为7.2，BOD_5应小于1.5mg/L。

（5）盐酸溶液，$c(HCl)=0.5mol/L$：将40mL浓盐酸（HCl）溶于水中，稀释至1000mL。

（6）氢氧化钠溶液，$c(NaOH)=0.5mol/L$：将20g氢氧化钠溶于水中，稀释至1000mL。

（7）亚硫酸钠溶液，$c(Na_2SO_3)=0.025mol/L$：此溶液不稳定，需现用现配。

（8）葡萄糖-谷氨酸标准溶液：将葡萄糖（$C_6H_{12}O_6$）和谷氨酸（HOOC—CH_2—CH_2—$CHNH_2$—COOH）在130℃干燥1h，各称取150mg溶于水中，在1000mL容量瓶中稀释至标线。此溶液的BOD_5为（210±20）mg/L，现用现配。

（9）丙烯基硫脲硝化抑制剂，$\rho(C_4H_8N_2S)=1.0g/L$：此溶液在4℃下可稳定保存14d。

（10）乙酸溶液（体积比为1∶1）：将100mL水加入100mL乙醇中，搅拌混匀，备用。

（11）碘化钾溶液，$\rho(KI)=100g/L$：将10g碘化钾（KI）溶于水中，稀释至100mL。

（12）淀粉溶液，$\rho=5g/L$：将0.50g淀粉溶于水中，稀释至100mL。

四、实验步骤

（一）样品的采集及前处理

（1）采集的样品应充满并密封于棕色玻璃瓶中，样品量不小于1000mL，在0～4℃的暗处运输和保存，并于24h内尽快分析。若24h内不能分析，可冷冻保存，冷冻样品分析前需解冻、均质化和接种。

（2）样品的前处理。

① pH 值调节。待测样品应使用盐酸溶液或氢氧化钠溶液将其 pH 值调节至 6~8。

② 余氯和结合氯的去除。若样品中含有少量余氯,一般在采样后放置 1~2h,游离氯即可消失。对在短时间内不能消失的余氯,可加入适量亚硫酸钠溶液去除样品中存在的余氯和结合氯,其中亚硫酸钠溶液的用量由下述方法确定。取已中和好的水样 100mL,加入乙酸溶液 10mL、碘化钾溶液 1mL,混匀,暗处静置 5min。用亚硫酸钠溶液滴定析出的碘至淡黄色,加入 1mL 淀粉溶液呈蓝色。再继续滴定至蓝色刚刚褪去,即为终点,记录所用亚硫酸钠溶液体积,进而计算出水样中应加亚硫酸钠溶液的体积。

③ 样品均质化。含有大量颗粒物、需要较大稀释倍数的样品或经冷冻保存的样品,测定前均需将样品搅拌均匀。

④ 样品中有藻类。当样品中有大量藻类存在时会导致 BOD_5 的测定结果偏高,若分析结果精度要求较高时,测定前可用滤孔为 1.6 μm 的滤膜过滤,并注明。

⑤ 含盐量低的样品。当待测样品的电导率小于 125 μS/cm 时,需加入适量相同体积的四种盐溶液,使样品的电导率大于 125 μS/cm。每升样品中至少需加入各种盐的体积 V 按式(3-2)计算:

$$V = (\Delta K - 12.8)/113 \tag{3-2}$$

式中 V——需加入各种盐的体积,mL;

ΔK——样品需要提高的电导率值,μS/cm。

(二)稀释与接种法

稀释与接种法分为两种情况:稀释法和稀释接种法。若试样中的有机物含量较多,BOD_5 的质量浓度大于 6mg/L,且样品中有足够的微生物,采用稀释法测定;若试样中的有机物含量较多,BOD_5 的质量浓度大于 6mg/L,但试样中无足够的微生物,采用稀释接种法测定。

(1)试样的准备。

待测试样:待测试样的温度达到(20±2)℃,若试样中溶解氧浓度低,需要用曝气装置曝气 15min,充分振摇赶走样品中残留的气泡;若试样中氧过饱和,将容器的 2/3 体积充满样品,用力振荡赶出过饱和氧,然后根据试样中微生物含量情况确定测定方法。稀释法测定,稀释倍数按表 3-2 和表 3-3 方法确定后用稀释水稀释。稀释接种法测定,用接种稀释水稀释样品。若样品含有硝化细菌,需在每升试样培养液中加入 2mL 丙烯基硫脲硝化抑制剂。

稀释倍数的确定:样品稀释的程度应使消耗的溶解氧质量浓度不小于 2mg/L,培养后样品中剩余溶解氧质量浓度不小于 2mg/L,且试样中剩余的溶解氧的质量浓度为开始浓度的 1/3~2/3 为最佳。稀释倍数可根据样品的总有机碳(TOC)、高锰酸盐指数(I_{Mn})或化学需氧量(COD_{Cr})的测定值,依据表 3-2 列出的典型比值 R 估计 BOD_5 的期望值,再根据表 3-3 确定稀释倍数(稀释因子)。当不能准确地选择稀释倍数时,一个样品可做 2~3 个不同的稀释倍数。

表 3-2 典型的比值 R

水样的类型	总有机碳 R (BOD_5/TOC)	高锰酸盐指数 R (BOD_5/I_{Mn})	化学需氧量 R (BOD_5/COD_{Cr})
未处理的废水	1.2~2.8	1.2~1.5	0.35~0.65
生化处理的废水	0.3~1.0	0.5~1.2	0.20~0.35

由表 3-2 中选择适当的 R 值，按式（3-3）计算 BOD_5 的期望值：

$$\rho = RY \tag{3-3}$$

式中　ρ——五日生化需氧量浓度的期望值，mg/L；

　　　Y——总有机碳（TOC）、高锰酸盐指数（I_{Mn}）或化学需氧量（COD_{Cr}）的值，mg/L。

基于表 3-2 估算出的 BOD_5 期望值，依据表 3-3 确定样品的稀释倍数。按照确定的稀释倍数，将一定体积的待测试样用虹吸管加入装好部分（接种）稀释水的稀释容器中，加（接种）稀释水至刻度，轻轻混合避免残留气泡，待测定。若稀释倍数超过 100 倍，可进行两步或多步稀释。

当试样中有微生物毒性物质，应配制几个不同稀释倍数的试样，选择与稀释倍数无关的结果，并取其平均值。当分析结果精度要求较高或存在微生物毒性物质时，一个试样需做两个以上不同的稀释倍数，每个试样每个稀释倍数做平行双样同时进行培养。测定培养过程中每瓶试样氧的消耗量，并画出氧消耗量对每一稀释倍数试样中原样品的体积曲线。若此曲线呈线性，则此试样中不含有任何抑制微生物的物质，即样品的测定结果与稀释倍数无关；若曲线仅在低浓度范围内呈线性，取线性范围内稀释比的试样测定结果计算平均 BOD_5 值。

表 3-3　BOD_5 测定的稀释倍数

BOD_5 的期望值/（mg/L）	稀释倍数	水样类型
6～12	2	河水，生物净化的城市污水
10～30	5	河水，生物净化的城市污水
20～60	10	生物净化的城市污水
40～120	20	澄清的城市污水或轻度污染的工业废水
100～300	50	轻度污染的工业废水或原城市污水
200～600	100	轻度污染的工业废水或原城市污水
400～1200	200	重度污染的工业废水或原城市污水
1000～3000	500	重度污染的工业废水
2000～6000	1000	重度污染的工业废水

（2）空白试样。稀释法测定时空白试样为稀释水；稀释接种法测定时空白试样为接种稀释水。需要时每升（接种）稀释水中加入 2mL 丙烯基硫脲硝化抑制剂。

（3）试样的测定。将待测试样充满两个溶解氧瓶中，使试样少量溢出，防止试样中的溶解氧质量浓度改变，使瓶中存在的气泡靠瓶壁排除。将一个溶解氧瓶盖上瓶盖，加上水封，并在瓶盖外罩上一个密封罩，防止培养期间水封水蒸发干，置于恒温培养箱中培养 5d±4h 后测定试样中溶解氧的质量浓度。另一溶解氧瓶 15min 后测定试样在培养前溶解氧的质量浓度。溶解氧的测定方法参见 GB/T 7489。

空白试样的测定方法同试样。

五、实验结果与数据处理

稀释法和稀释接种法按式（3-4）计算样品 BOD_5 的测定结果：

$$\rho = \frac{(\rho_1 - \rho_2) - (\rho_3 - \rho_4)f_1}{f_2} \tag{3-4}$$

式中　ρ——五日生化需氧量质量浓度，mg/L；
　　　ρ_1——接种稀释水样在培养前的溶解氧质量浓度，mg/L；
　　　ρ_2——接种稀释水样在培养后的溶解氧质量浓度，mg/L；
　　　ρ_3——空白样在培养前的溶解氧质量浓度，mg/L；
　　　ρ_4——空白样在培养后的溶解氧质量浓度，mg/L；
　　　f_1——接种稀释水或稀释水在培养液中所占的比例；
　　　f_2——原样品在培养液中所占的比例。

六、注意事项

（1）每一批样品做两个分析空白试样，稀释法空白试样的测定结果不能超过 0.5mg/L，稀释接种法空白试样的测定结果不能超过 1.5mg/L，否则应检查可能的污染来源。

（2）每一批样品要求做一个标准样品，样品的配制方法如下：取 20mL 葡萄糖-谷氨酸标准溶液于稀释容器中，用接种稀释水稀释至 1000mL，测定 BOD_5，测定 BOD_5 应在 180～230mg/L 范围内，否则应检查接种液、稀释水的质量。

（3）稀释法和稀释接种法的对比测定结果重现性标准偏差为 11mg/L，再现性标准偏差为 3.7～22mg/L。

七、思考题

（1）当样品中含有大量硝化细菌时，为什么要加入抑制剂？
（2）当样品中存在微生物毒性物质，如何保证 BOD_5 测试的准确性？

实验 3　非色散红外吸收法测定水中总有机碳

一、实验目的和要求

（1）掌握总有机碳（TOC）的测定原理和方法。
（2）区分总碳、无机碳、总有机碳的概念与关系。

二、实验原理

总有机碳（TOC）指溶解或悬浮在水中有机物的含碳量（以质量浓度表示），是以含碳量表示水体中有机物总量的综合指标。采用燃烧氧化-非分散红外吸收法测定 TOC，检出限为 0.1mg/L，测定下限为 0.5mg/L。

（1）差减法测定总有机碳原理

将试样连同净化气体分别导入高温燃烧管和低温反应管中，经高温燃烧管的试样被高温催化氧化，其中的有机碳和无机碳均转化为二氧化碳，经低温反应管的试样被酸化后，其中的无机碳分解成二氧化碳，两种反应管中生成的二氧化碳分别被导入非分散红外检测器。在特定波长下，一定质量浓度范围内二氧化碳的红外线吸收强度与其质量浓度成正比，由此可对试样总碳（TC）和无机碳（IC）进行定量测定，其差值即为总有机碳（TOC）。

（2）直接法测定总有机碳原理

试样经酸化曝气，可将其中的无机碳转化为二氧化碳去除，再将试样注入高温燃烧管中，可直接测定总有机碳。由于酸化曝气会损失可吹扫有机碳（POC），故测得总有机碳值为不可吹扫有机碳（NPOC）。

三、仪器与试剂

（一）仪器与器皿

（1）非分散红外吸收 TOC 分析仪。

（2）烧杯、容量瓶等一般实验室常用玻璃仪器。

（二）试剂

（1）无二氧化碳水：将蒸馏水在烧杯中煮沸蒸发（蒸发量10%），冷却后备用。也可使用纯水机制备的纯水或超纯水。

（2）浓硫酸，$\rho(H_2SO_4)$=1.84g/mL。

（3）氢氧化钠溶液，$c(NaOH)$=10g/L。

（4）有机碳标准储备液，ρ（有机碳，C）=400mg/L：准确称取邻苯二甲酸氢钾（预先在110～120℃下干燥至恒重）0.8502g，置于烧杯中，加超纯水溶解后，转移至1000mL 容量瓶中，定容，混匀，在4℃条件下可保存两个月。

（5）无机碳标准储备液，ρ（无机碳，C）=400mg/L：准确称取无水碳酸钠（预先在105℃下干燥至恒重）1.7634g 和碳酸氢钠（预先在干燥器内干燥）1.4000g，置于烧杯中，加水溶解后，转移至1000mL 容量瓶中，定容，混匀，在4℃条件下可保存两周。

（6）差减法标准使用液，ρ（总碳，C）=200mg/L，ρ（无机碳，C）=100mg/L：分别量取50.00mL 有机碳标准储备液和无机碳标准储备液于200mL 容量瓶中，用水稀释至标线，混匀，在4℃条件下可稳定保存一周。

（7）直接法标准使用液，ρ（有机碳，C）=100mg/L：量取50.00mL 有机碳标准储备液于200mL 容量瓶中，用水稀释至标线，混匀，在4℃条件下可稳定保存一周。

（8）载气：氮气或氧气，纯度大于 99.99%。

（三）样品

水样应采集在棕色玻璃瓶中并应充满采样瓶，不留顶空。水样采集后应在24h 内测定。否则应加入硫酸将水样酸化至 pH ≤ 2，在4℃条件下可保存 7d。

四、实验步骤

（一）校准曲线的绘制

（1）差减法校准曲线的绘制。分别量取 0.00mL、2.00mL、5.00mL、10.00mL、20.00mL、40.00mL、100.00mL 差减法标准使用液置于100mL 容量瓶中，用水稀释至标线，混匀。配制成总碳质量浓度分别为 0.0mg/L、4.0mg/L、10.0mg/L、20.0mg/L、40.0mg/L、80.0mg/L、200.0mg/L 和无机碳质量浓度分别为 0.0mg/L、2.0mg/L、5.0mg/L、10.0mg/L、20.0mg/L、40.0mg/L、100.0mg/L 的标准系列溶液，按照"（三）样品测定"步骤测定其响应值，分别绘制总碳和无机碳校准曲线。

（2）直接法校准曲线的绘制。分别量取 0.00mL、2.00mL、5.00mL、10.00mL、20.00mL、40.00mL、100.00mL 直接法标准使用液置于 100mL 容量瓶中，用水稀释至标线，混匀。配制成有机碳质量浓度分别为 0.0mg/L、2.0mg/L、5.0mg/L、10.0mg/L、20.0mg/L、40.0mg/L、100.0mg/L 的标准系列溶液，按照"（三）样品测定"步骤测定其响应值，绘制有机碳校准曲线。

（二）空白实验

用无二氧化碳水代替试样，按照"（三）样品测定"步骤测定其响应值。每次实验应先检测无二氧化碳水的 TOC 含量，测定值应不超过 0.5mg/L。

（三）样品测定

（1）差减法。经酸化的试样，在测定前应以氢氧化钠溶液中和至中性，取一定体积注入 TOC 分析仪进行测定，记录相应的响应值。

（2）直接法。取一定体积酸化至 pH≤2 的试样注入 TOC 分析仪，经曝气除去无机碳后导入高温氧化炉，记录相应的响应值。

五、实验结果与数据处理

（1）差减法。据测试样的响应值，由校准曲线计算出总碳和无机碳质量浓度，则试样中总有机碳质量浓度为：

$$\rho(\text{TOC}) = \rho(\text{TC}) - \rho(\text{IC}) \tag{3-5}$$

式中　$\rho(\text{TOC})$——试样总有机碳质量浓度，mg/L；

　　　$\rho(\text{TC})$——试样总碳质量浓度，mg/L；

　　　$\rho(\text{IC})$——试样无机碳质量浓度，mg/L。

（2）直接法。据所测试样的响应值，由校准曲线直接计算出总有机碳的质量浓度 $\rho(\text{TOC})$。

六、注意事项

（1）当测定结果小于 100mg/L 时，保留到小数点后一位；大于等于 100mg/L 时，保留三位有效数字。

（2）定期更换二氧化碳吸收剂、高温燃烧管中的催化剂和低温反应管中的分解剂等。

七、思考题

（1）为什么测定 TOC 所用的试剂必须用无二氧化碳水配制？

（2）差减法和直接法分别适用于什么水质样品的测定？

实验 4　红外分光光度法测定水中石油类和动植物油类

一、实验目的和要求

（1）掌握红外分光光度法测定水中石油类和动植物油类的原理及基本操作。

（2）掌握水中油类的萃取方法。

二、实验原理

油类指在 pH≤2 的条件下，能够被四氯乙烯萃取且在波数为 $2930cm^{-1}$、$2960cm^{-1}$ 和 $3030cm^{-1}$ 处有特征吸收的物质，主要包括石油类和动植物油类。在 pH≤2 的条件下，能够被四氯乙烯萃取且不被硅酸镁吸附的物质为石油类，而能够被四氯乙烯萃取且被硅酸镁吸附的物质为动植物油类。

将水样在 pH≤2 的条件下用四氯乙烯萃取后可测定油类；将萃取液用硅酸镁吸附去除动植物油类等极性物质后可测定石油类。油类和石油类的含量均由波数分别为 $2930cm^{-1}$（CH_2 基团中 C—H 键的伸缩振动）、$2960cm^{-1}$（CH_3 基团中 C—H 键的伸缩振动）和 $3030cm^{-1}$（芳香环中 C—H 键的伸缩振动）处的吸光度 A_{2930}、A_{2960} 和 A_{3030}，根据校正系数进行计算；动植物油类的含量为油类与石油类含量之差。

三、仪器与试剂

（一）仪器与器皿

（1）红外测油仪或红外分光光度计：能在 $2930cm^{-1}$、$2960cm^{-1}$、$3030cm^{-1}$ 处测量吸光度，并配有 4cm 带盖石英比色皿。

（2）水平振荡器。

（3）玻璃漏斗、500mL 广口玻璃采样瓶、50mL 具塞锥形瓶、25mL 和 50mL 具塞比色管、1000mL 分液漏斗、量筒及其他一般实验室常用设备和器皿。

（二）试剂

除另有说明外，所用试剂均为分析纯试剂。实验用水为新制备的去离子水或蒸馏水。

（1）盐酸溶液（体积比为 1∶1）。

（2）四氯乙烯（C_2Cl_4）：以干燥空石英比色皿为参比，在 2800～$3100cm^{-1}$ 之间使用 4cm 石英比色皿测定四氯乙烯，$2930cm^{-1}$、$2960cm^{-1}$、$3030cm^{-1}$ 处吸光度分别不超过 0.34、0.07、0。

（3）无水硫酸钠（Na_2SO_4）：置于马弗炉内 550℃下加热 4h，稍冷后装入磨口玻璃瓶中，置于干燥器内储存。

（4）硅酸镁（$MgSiO_3$），150～250μm（100～60 目）：取硅酸镁于瓷蒸发皿中，置于马弗炉内 550℃加热 4h，稍冷后移入干燥器中冷却至室温。称取适量的硅酸镁于磨口玻璃瓶中，根据硅酸镁的质量，按 6%（质量分数）加入适量的蒸馏水，密塞并充分振荡，放置 12h 后使用，于磨口玻璃瓶内保存。

（5）玻璃棉：使用前将玻璃棉用四氯乙烯浸泡洗涤，晾干备用。

（6）正十六烷、异辛烷和苯的标准储备液，$\rho \approx 10000mg/L$：分别称取 1.0g（准确至 0.1mg）色谱纯的正十六烷、异辛烷和苯置于 100mL 容量瓶中，用四氯乙烯定容，摇匀，0～4℃冷藏、避光可保存 1 年。

（7）正十六烷、异辛烷和苯的标准使用液，$\rho=1000mg/L$：分别量取 10mL 正十六烷、异辛烷和苯的标准储备液用四氯乙烯稀释定容于 100mL 容量瓶中。

（8）石油类标准储备液，$\rho \approx 10000mg/L$：按体积比为 65∶25∶10 量取正十六烷、异辛烷、苯配制混合物。

（9）石油类标准使用液，$\rho=1000mg/L$：将石油类标准储备液用四氯乙烯稀释定容于 100mL 容量瓶中。

四、实验步骤

（一）样品制备

（1）样品的采集与保存。用采样瓶采集约 500mL 水样后，加入盐酸溶液酸化至 pH≤2。若样品不能在 24h 内测定，应在 0~4℃ 冷藏保存，3d 内测定。

（2）试样的制备。

油类试样的制备：将 500mL 待测样品转移至 1000mL 分液漏斗中，量取 50mL 四氯乙烯润洗样品瓶后全部转移至分液漏斗中，充分振荡 2min，并经常开启旋塞排气，静置分层；用镊子取玻璃棉置于玻璃漏斗中，取适量的无水硫酸钠铺于上面；打开分液漏斗旋塞，将下层有机相萃取液通过装有无水硫酸钠的玻璃漏斗放至 50mL 比色管中；再取适量四氯乙烯润洗玻璃漏斗，润洗液合并至萃取液中，并用四氯乙烯定容至刻度。将上层水相全部转移至量筒，测量样品体积并记录。

石油类试样的制备：取 25mL 上述萃取液，倒入装有 5g 硅酸镁的 50mL 锥形瓶，置于水平振荡器上，连续振荡 20min，静置，将玻璃棉置于玻璃漏斗中，萃取液倒入玻璃漏斗过滤至 25mL 比色管，用于测定石油类。

（3）空白试样的制备。用实验用水加入盐酸溶液酸化至 pH≤2，同试样的制备步骤进行空白试样的制备。

（二）校准

分别量取 2.00mL 正十六烷标准使用液、2.00mL 异辛烷标准使用液和 10.00mL 苯标准使用液置于 100mL 容量瓶中，用四氯乙烯定容至标线，摇匀。正十六烷、异辛烷和苯标准溶液的浓度分别为 20.0mg/L、20.0mg/L 和 100mg/L，以 4cm 石英比色皿加入四氯乙烯为参比，分别测量其在 2930cm^{-1}、2960cm^{-1}、3030cm^{-1} 处的吸光度 A_{2930}、A_{2960}、A_{3030}。将正十六烷、异辛烷和苯标准溶液的吸光度按式（3-6）联立方程式，经求解后分别得到相应的校正系数 X，Y，Z 和 F。

$$\rho = XA_{2930} + YA_{2960} + Z\left(A_{3030} - \frac{A_{2930}}{F}\right) \tag{3-6}$$

式中　　　ρ——四氯乙烯中油类的含量，mg/L；

A_{2930}、A_{2960}、A_{3030}——各对应波数下测得的吸光度；

　　　　　X——与 CH$_2$ 基团中 C-H 键吸光度相对应的系数，mg/（L·吸光度）；

　　　　　Y——与 CH$_3$ 基团中 C-H 键吸光度相对应的系数，mg/（L·吸光度）；

　　　　　Z——与芳香环中 C-H 键吸光度相对应的系数，mg/（L·吸光度）；

　　　　　F——脂肪烃对芳香烃影响的校正因子，即正十六烷在 2930cm^{-1} 与 3030cm^{-1} 处吸光度之比。

对于正十六烷和异辛烷，由于其芳香烃含量为零，即 $A_{3030} - \frac{A_{2930}}{F} = 0$，则有：

$$F = \frac{A_{2930}(\mathrm{H})}{A_{3030}(\mathrm{H})} \tag{3-7}$$

$$\rho(\mathrm{H}) = XA_{2930}(\mathrm{H}) + YA_{2960}(\mathrm{H}) \tag{3-8}$$

$$\rho(\mathrm{I}) = XA_{2930}(\mathrm{I}) + YA_{2960}(\mathrm{I}) \tag{3-9}$$

由式（3-7）可得 F 值，由式（3-8）和式（3-9）可得 X 和 Y 值。对于苯，则有：

$$\rho(B) = XA_{2930}(B) + YA_{2960}(B) + Z\left(A_{3030} - \frac{A_{2930}}{F}\right) \tag{3-10}$$

由式（3-10）可得 Z 值。

式中　　　　　　　$\rho(H)$——正十六烷标准溶液的浓度，mg/L；

　　　　　　　　　$\rho(I)$——异辛烷标准溶液的浓度，mg/L；

　　　　　　　　　$\rho(B)$——苯标准溶液的浓度，mg/L；

$A_{2930}(H)$、$A_{2960}(H)$、$A_{3030}(H)$——各对应波数下测得正十六烷标准溶液的吸光度；

$A_{2930}(I)$、$A_{2960}(I)$、$A_{3030}(I)$——各对应波数下测得异辛烷标准溶液的吸光度；

$A_{2930}(B)$、$A_{2960}(B)$、$A_{3030}(B)$——各对应波数下测得苯标准溶液的吸光度。

（三）测定

（1）油类的测定。将萃取液转移至 4cm 石英比色皿中，以四氯乙烯作参比，于 2930cm^{-1}、2960cm^{-1}、3030cm^{-1} 处测量其吸光度 A_{2930}、A_{2960}、A_{3030}。

（2）石油类的测定。将经硅酸镁吸附后的萃取液转移至 4cm 石英比色皿中，以四氯乙烯作参比，于 2930cm^{-1}、2960cm^{-1}、3030cm^{-1} 处测量其吸光度 A_{2930}、A_{2960}、A_{3030}。

（3）空白试样的测定。按以上相同的步骤，进行空白试样的测定。

五、数据处理

（1）油类或石油类浓度的计算。样品中油类或石油类浓度按式（3-11）计算：

$$\rho = \left[XA_{2930}(B) + YA_{2960}(B) + Z\left(A_{3030} - \frac{A_{2930}}{F}\right)\right] \times \frac{V_0 D}{V_w} - \rho_0 \tag{3-11}$$

式中　ρ——样品中油类或石油类的浓度，mg/L；

　　　ρ_0——空白样品中油类或石油类的浓度，mg/L；

　　　V_0——萃取溶剂的体积，mL；

　　　V_w——样品体积，mL；

　　　D——萃取液稀释倍数。

（2）动植物油类浓度的计算。样品中动植物油类按式（3-12）计算：

$$\rho（动植物油类）= \rho（油类）- \rho（石油类） \tag{3-12}$$

式中　ρ（动植物油类）——样品中动植物油类的浓度，mg/L；

　　　ρ（油类）——样品中油类的浓度，mg/L；

　　　ρ（石油类）——样品中石油类的浓度，mg/L。

六、注意事项

（1）同一批样品测定所使用的四氯乙烯应来自同一瓶，如样品数量较多，可将多瓶四氯乙烯混合均匀后使用。

（2）所有使用完的器皿应置于通风橱内挥发完后清洗。

（3）对于动植物油类含量＞130mg/L 的废水，萃取液需稀释后再按照试样的制备步骤操作。

七、思考题

测定过程中水中油类产生乳化现象应如何处理？

实验5　4-氨基安替比林分光光度法测定水中挥发酚

一、实验目的和要求

（1）掌握分光光度法测定水中挥发酚的原理及基本操作。
（2）了解酚类污染对水环境质量的影响。

二、实验原理

在碱性条件和氧化剂铁氰化钾作用下，酚类与4-氨基安替比林反应生成橙红色的吲哚酚安替比林染料，在510nm波长处有最大吸收。若用氯仿萃取此染料，可以增加颜色的稳定性，提高灵敏度，在460nm波长处有最大吸收。

该方法可测定苯酚及邻、间位取代的酚，但不能测定对位有取代基的酚，由于样品各种酚的相对含量不同，因而不能提供一个含混合酚的通用标准。通常选用苯酚作标准，任何其他酚在反应中产生的颜色都看作是苯酚的结果。取代酚一般会降低响应值，因此，该方法测出值仅代表水样中挥发酚的最低浓度。

三、仪器与试剂

（一）仪器与器皿

（1）分光光度计并配有光程为30mm的比色皿。
（2）500mL全玻璃蒸馏器、500mL分液漏斗、烧杯、容量瓶及其他实验室常用仪器与器皿。

（二）试剂

（1）无酚水：在每升蒸馏水中加入0.2g经200℃活化30min的活性炭粉末，充分振摇，放置过夜，过滤，储于硬质玻璃瓶中。
（2）硫酸亚铁（$FeSO_4 \cdot 7H_2O$），分析纯。
（3）磷酸溶液（体积比为1∶9）。
（4）硫酸铜溶液（$CuSO_4 \cdot 5H_2O$），分析纯。
（5）三氯甲烷，分析纯。
（6）精制苯酚：取苯酚（C_6H_5OH）于具有空气冷凝管的蒸馏瓶中，加热蒸馏，收集182~184℃的馏出部分，馏分冷却后应为无色晶体，储于棕色瓶中，于冷暗处密闭保存。
（7）缓冲溶液，pH=10.7：称取20g氯化铵溶于100mL浓氨水中，密塞，置冰箱中保存。
（8）4-氨基安替比林溶液：称取2.0g 4-氨基安替比林溶于水中，稀释到100mL，该溶液储于棕色瓶内，在冰箱中可保存7d。
（9）铁氰化钾溶液，$\rho[K_3(Fe(CN))_6]$=80g/L：称取8.0g铁氰化钾溶于100mL水中，可保存

1周。

（10）溴酸钾-溴化钾溶液，$c(1/6KBrO_3)$=0.01mol/L：称取 2.784g 溴酸钾溶于水中，加入 10g 溴化钾，溶解后移入 1000mL 容量瓶内，稀释至刻度。

（11）硫代硫酸钠溶液，$c(Na_2S_2O_3)$≈0.0125mol/L：称取 3.1g 硫代硫酸钠，溶于 1 L 煮沸后冷却的水中，加入 0.2g 碳酸钠，储于棕色瓶内，使用前按如下方法进行标定。

在 250mL 锥形瓶中用 100mL 的水溶解约 0.5g 碘化钾（KI），加入 5mL 浓硫酸，混合均匀后，加入 20mL 标准碘酸钾溶液（10mmol/L），稀释至 200mL，立即用硫代硫酸钠溶液滴定释放出来的碘，当滴定至溶液呈淡黄色加入 1mL 淀粉溶液（10g/L），继续滴定至蓝色消失，记录硫代硫酸钠用量，并由式（3-13）计算硫代硫酸钠溶液浓度（c，mmol/L）。

$$c = \frac{6 \times 20 \times 1.66}{V} \tag{3-13}$$

式中　V——硫代硫酸钠溶液滴定量，mL。

（12）酚标准储备液，$\rho(C_6H_5OH)$≈1.0g/L：称取 1.00g 精制苯酚，溶解于水中，移入 1000mL 容量瓶中，用水稀释至标线。

（13）酚标准中间液，$\rho(C_6H_5OH)$≈10mg/L：取适量酚标准储备液用水稀释至 100mL 容量瓶中，使用时当天配制。

（14）酚标准使用液，$\rho(C_6H_5OH)$≈1.00mg/L：吸取 10.00mL 酚标准中间液于 100mL 容量瓶中，用水稀释至标线，配制后 2h 使用。

（15）淀粉-碘化钾试纸：称取 1.5g 可溶性淀粉，用少量水搅成糊状，加入 200mL 沸水，混匀，放冷，加 0.5g 碘化钾和 0.5g 碳酸钠，用水稀释至 250mL，将滤纸条浸渍后，取出晾干，盛于棕色瓶中，密塞保存。

（16）甲基橙指示液，ρ（甲基橙）=0.5g/L：称取 0.1g 甲基橙溶于水，溶解后移入 200mL 容量瓶中，用水稀释至标线。

四、实验步骤

（一）样品采集

在样品采集现场，用淀粉-碘化钾试纸检测样品中有无游离氯等氧化剂的存在。若试纸变蓝，应及时加入过量硫酸亚铁去除。样品采集量应大于 500mL，储于硬质玻璃瓶中。采集后的样品应及时加磷酸酸化至 pH 值约为 4.0，并加适量硫酸铜，使样品中硫酸铜浓度约为 1g/L，以抑制微生物对酚类的生物氧化作用。

（二）预蒸馏

量取 250mL 待测水样于 500mL 全玻璃蒸馏瓶中，加 25mL 无酚水，加数粒玻璃珠以防暴沸，加数滴甲基橙指示液，若试样未显橙红色，则用磷酸溶液（体积比为 1：9）将水样调至呈橙红色。连接冷凝器，加热蒸馏，收集馏出液 250mL 至容量瓶中。蒸馏过程中，若发现甲基橙红色褪去，应在蒸馏结束后，放冷，再加 1 滴甲基橙指示液。若发现蒸馏后残液不呈酸性，则应重新取样，增加磷酸溶液（体积比为 1：9）加入量，进行蒸馏。

（三）萃取比色法测定

（1）显色。将 250mL 馏出液移入 500mL 分液漏斗中，或者用移液管取部分馏出液稀释到

250mL，使溶液的酚含量不大于15μg；在分液漏斗内依次加入2mL缓冲溶液，1.5mL 4-氨基安替比林溶液，混匀，再加入1.5mL铁氰化钾溶液，充分混匀后密塞，静置10min显色。

(2) 萃取及吸光度测定。在上述显色的分液漏斗中准确加入10.00mL三氯甲烷，剧烈振摇2min萃取，倒置放气，静置分层。用干脱脂棉或滤纸擦干分液漏斗的导管内壁，于颈管内塞入一小团干脱脂棉，将三氯甲烷通过脱脂棉或滤纸，弃去最初滤出的数滴萃取液后，将余下三氯甲烷直接放入光程为30mm的比色皿中，在$\lambda=460nm$处，以三氯甲烷为参比，测定三氯甲烷的吸光度值。

（四）空白实验

用无酚水代替试样，同试样测定过程进行空白样品测定。

（五）标准曲线绘制

于一组8个分液漏斗中，分别加入100mL水，依次加入0.00mL、0.25mL、0.50mL、1.00mL、3.00mL、5.00mL、7.00mL和10.00mL酚标准使用液，再分别加水至250mL，后续测定过程同上述试样测定步骤。由校准系列测得的吸光度值减去零浓度管的吸光度值，绘制吸光度值对酚含量（μg）的曲线，校准曲线回归方程相关系数应达到0.999以上。

五、实验结果与数据处理

样中挥发酚的浓度（以苯酚计），按式（3-14）计算：

$$\rho = \frac{A_s - A_b - a}{bV} \tag{3-14}$$

式中　ρ——试样中挥发酚的浓度，mg/L；
　　　A_s——试样的吸光度值；
　　　A_b——空白实验的吸光度值；
　　　a——校准曲线的截距值；
　　　b——校准曲线的斜率；
　　　V——试样的体积，mL。

六、注意事项

(1) 氧化剂、还原性物质和苯胺类会干扰酚的测定，预蒸馏可除去大多数干扰物，但对污染严重的水样，蒸馏前可用下述方法消除干扰。除氧化剂：样品滴于淀粉-碘化钾试纸上出现蓝色，说明存在氧化剂，可加入过量的硫酸亚铁去除；除硫化物：用磷酸调节水样，使pH值为4，搅拌曝气，可除去二氧化硫及硫化氢；除苯胺类：苯胺类可与4-氨基安替比林发生显色反应而干扰酚的测定，一般在酸性（pH＜0.5）条件下，可以通过预蒸馏分离。

(2) 一次蒸馏足以净化样品。若出现馏出液浑浊，需用磷酸酸化后再蒸馏。

(3) 样品和标准溶液中加入缓冲液和4-氨基安替比林后，要混匀才能加入铁氰化钾，否则结果偏低。

(4) 萃取比色法中，试剂空白以氯仿为参比的吸光度应在0.10以下；否则，4-氨基安替比林溶液应重新配制或采用新出厂氯仿产品。

(5) 当苯酚溶液呈红色时，则需对苯酚精制。

七、思考题

（1）预蒸馏两次后，馏出液仍浑浊时应如何处理？
（2）还有其他哪些方法可用于酚的测定？

第二节　营养盐的测定

实验 6　纳氏试剂分光光度法测定水中氨氮

一、实验目的和要求

（1）了解水中氮的存在形态及其对水质的影响。
（2）掌握水中氨氮的测定原理和方法。

二、实验原理

碘化汞和碘化钾的强碱溶液与游离态氨或铵离子等形式存在的氨氮反应生成淡红棕色络合物。随着氨氮浓度增加颜色加深，该络合物的吸光度与氨氮含量成正比，通常可于波长 420nm 处测得吸光度值，并计算其含量。

三、仪器与试剂

（一）仪器与器皿

（1）可见光分光光度计：具 20mm 比色皿。
（2）pH 计。
（3）氨氮蒸馏装置：由 500mL 凯氏烧瓶、氮球、直型冷凝管和导管组成，冷凝管末端可连接一段适当长度的滴管，使出口尖端浸入吸收液液面下。
（4）烧杯、容量瓶、50mL 比色管及其他实验室常见玻璃器皿。

（二）试剂

（1）无氨蒸馏水。
（2）盐酸溶液（1mol/L），用于调节 pH 值。
（3）氢氧化钠溶液（1mol/L），用于调节 pH 值。
（4）轻质氧化镁（MgO）：将 MgO 加热到 500℃去除碳酸盐。加入适量 MgO 可使水样呈弱碱性以利于蒸馏时氨的释出。此外，MgO 也可抑制水中 CO_2 释出，CO_2 释出可与 NH_3 反应使氨氮测试偏低，但 pH 值过高会使有机氮水解，导致结果偏高。
（5）溴百里酚蓝指示剂，ρ=0.5g/L：称取 0.05g 溴百里酚蓝溶于 50mL 水中，加入 10mL 无水乙醇，用水稀释至 100mL。
（6）纳氏试剂，碘化汞-碘化钾-氢氧化钠（HgI_2-KI-NaOH）溶液：称取 16.0g 氢氧化钠，溶于 50mL 水中，冷却至室温。称取 7.0g 碘化钾（KI）和 10.0g 碘化汞（HgI_2），溶于水中，然后将此溶液在搅拌下，缓慢加入上述50mL氢氧化钠溶液中，用水稀释至100mL。储于聚乙烯瓶内，用橡皮塞或聚乙烯盖子盖紧，于暗处存放，有效期1年。

（7）酒石酸钾钠溶液，ρ=500g/L：称取50.0g酒石酸钾钠（$KNaC_4H_4O_6 \cdot 4H_2O$）溶于100mL水中，加热煮沸以驱除氨，充分冷却后稀释至100mL。

（8）氨氮标准储备溶液，ρ_N=1000μg/mL：称取3.8190g氯化铵（NH_4Cl，优级纯，在100～105℃干燥2h），溶于水中，移入1000mL容量瓶中，稀释至标线，可在2～5℃保存1个月。

（9）氨氮标准工作溶液，ρ_N=10μg/mL：吸取5.00mL氨氮标准储备溶液于500mL容量瓶中，稀释至刻度。临用前配制。

（10）硼酸溶液，ρ=20g/L：称取20g硼酸（H_3BO_3）溶于水，稀释至1L。

（11）硫代硫酸钠溶液，ρ=3.5g/L：称取3.5g硫代硫酸钠（$Na_2S_2O_3$）溶于水，稀释至1L。

（12）淀粉-碘化钾试纸：称取1.5g可溶性淀粉，用少量水搅成糊状，加入200mL沸水，混匀，放冷，加0.5g碘化钾和0.5g碳酸钠，用水稀释至250mL，将滤纸条浸渍后，取出晾干，盛于棕色瓶中，密塞保存。

（13）防沫剂：如石蜡碎片、玻璃珠。

四、实验步骤

（一）水样的采集与保存

水样采集在聚乙烯瓶或玻璃瓶内，要尽快分析。如需保存，可加硫酸使水样酸化至pH<2，2～5℃下可保存7d。

（二）样品预处理

（1）余氯去除。若样品中存在余氯，可加入适量的硫代硫酸钠溶液去除。每加0.5mL硫代硫酸钠溶液可去除0.25mg余氯。用淀粉-碘化钾试纸检验余氯是否除尽。

（2）预蒸馏。将50mL硼酸溶液移入接收瓶内，确保冷凝管出口在硼酸溶液液面之下。取250mL样品，移入烧瓶中，加几滴溴百里酚蓝指示剂，必要时，用氢氧化钠溶液或盐酸溶液调节pH 6.0～7.4，加入0.25g轻质氧化镁及数粒玻璃珠，立即连接氮球和冷凝管。加热蒸馏，使馏出液速率约为10mL/min，待馏出液达200mL时，停止蒸馏，加水定容至250mL。

（三）校准曲线的绘制

吸取0.00mL、0.50mL、1.00mL、2.00mL、4.00mL、6.00mL、8.00mL和10.00mL氨氮标准工作液于50mL比色管中，其对应的氨氮含量分别为0.0μg、5.0μg、10.0μg、20.0μg、40.0μg、60.0μg、80.0μg和100.0μg，加水至标线。加入1.0mL酒石酸钾钠溶液混匀，再加1mL纳氏试剂，加水至标线，混匀。放置10min后，在波长420nm处，用光程20mm比色皿，以水为参比测定吸光度。由空白校正后的吸光度为纵坐标，以其对应的氨氮含量（μg）为横坐标，绘制标准曲线。

（四）水样的测定

清洁水样：直接取50mL，与"（三）校准曲线的绘制"相同的步骤测量吸光度。

有悬浮物或色度干扰的水样：取经预处理水样50mL（若水样中氨氮质量浓度超过2mg/L，可适当少取水样体积），与"（三）校准曲线的绘制"相同的步骤测量吸光度。

注意：经蒸馏或在酸性条件下煮沸方法预处理的水样，须加氢氧化钠溶液，调节水样至中性，用水稀释至 50mL 标线，再按与校准曲线相同的步骤测量吸光度。

（五）空白实验

用无氨蒸馏水代替水样，按与样品相同的步骤进行前处理和测定。

五、实验结果与数据处理

水中氨氮的质量浓度按式（3-15）计算：

$$\rho_N = \frac{A_s - A_b - a}{bV} \tag{3-15}$$

式中　ρ_N——水样中氨氮的质量浓度（以 N 计），mg/L；

　　　A_s——水样的吸光度；

　　　A_b——空白的吸光度；

　　　a——校准曲线的截距；

　　　b——校准曲线的斜率；

　　　V——试样体积，mL。

六、注意事项

（1）纳氏试剂中 KI 与 HgI_2 的比例对显色反应灵敏度有较大影响，静置后生成的沉淀应除去。

（2）滤纸中常含痕量铵盐，使用时应用无氨水洗涤。所用玻璃器皿应避免实验室空气中氨的污染。

七、思考题

（1）样品蒸馏过程中，添加轻质氧化镁的主要作用是什么？

（2）氨氮测试前，不同水质水样如何进行预处理？

实验 7　紫外分光光度法测定水中硝态氮

一、实验目的和要求

（1）掌握紫外分光光度法测硝态氮的原理及基本操作。

（2）了解水体中硝酸盐污染的危害。

二、实验原理

利用硝酸根离子在 220nm 波长附近有明显吸收且吸光度大小与硝酸根离子浓度成正比的特性，对硝态氮含量进行定量测定。溶解的有机物在 220nm 和 275nm 波长处均有吸收，而硝酸根离子在 275nm 波长处没有吸收的特性。因此，在 275nm 处做另一次测量，可校正硝酸盐氮值，消除有机质吸收 220nm 波长而造成的干扰。

三、仪器与试剂

（一）仪器与器皿

（1）紫外分光光度计：配有10mm光程的石英比色皿。

（2）离子交换柱（ϕ1.4cm，装树脂高5～8cm）。

（3）烧杯、50mL比色管、200mL容量瓶及其他实验室常见仪器与器皿。

（二）试剂

（1）盐酸溶液，c(HCl)=1mol/L：将10mL浓盐酸（37%，1.19g/mL）缓慢加入110mL水中，混匀，备用。

（2）硫酸锌溶液（10%）：称取10g硫酸锌（$ZnSO_4$）溶解于90mL水中。

（3）氢氧化铝悬浮液：溶解125g硫酸铝钾[$KAl(SO_4)_2 \cdot 12H_2O$]于1000mL水中，加热至60℃，在不断搅拌下，徐徐加入55mL浓氨水，放置约1h后，移入1000mL量筒内，用水反复洗涤沉淀，最后至洗涤液中不含硝酸盐氮为止。澄清后，把上清液尽量全部倾出，只留稠的悬浮液，最后加入100mL水，使用前应振荡均匀。

（4）大孔径中性树脂：CAD-40或XAD-2型及类似性能的树脂。

（5）甲醇：分析纯。

（6）硝态氮标准储备液，ρ(N)=1000mg/L：精确称取7.2182g经（110±5）℃烘干2h的硝酸钾置于烧杯中，加入约50mL水溶解。溶解后转移到1000mL容量瓶中定容，摇匀，于0～4℃的冰箱中保存。

（7）硝态氮标准使用液，ρ(N)=100mg/L：吸取硝态氮标准储备液10.0mL于100mL容量瓶中定容，摇匀。临用时配制。

（8）氨基磺酸溶液（0.8%）：称取0.8g氨基磺酸溶于100mL水中，避光保存于冰箱中。

（9）氢氧化钠溶液，c(NaOH)=5mol/L。

四、实验步骤

（一）水样的预处理

（1）吸附柱的制备。新的大孔径中性树脂先用200mL水分两次洗涤，用甲醇浸泡过夜，弃去甲醇，再用40mL甲醇分两次洗涤，然后用新鲜去离子水洗到柱中流出液滴落于烧杯中无乳白色为止。树脂装入柱中时，树脂间绝不允许存在气泡。

（2）水样中大部分常见有机物、浊度和Fe^{3+}、Cr^{6+}对测定的干扰。量取200mL水样置于锥形瓶或烧杯中，加入2mL硫酸锌溶液，在搅拌下滴加氢氧化钠溶液，调至pH 7。待絮凝胶团下沉后，或经离心分离，吸取100mL上清液分两次洗涤吸附树脂柱，以每秒1～2滴的流速流出，各个样品间流速保持一致，弃去。再继续使水样上清液通过柱子，收集50mL于比色管中，备测定用。树脂用150mL水分三次洗涤，备用。树脂吸附容量较大，可处理50～100个地表水水样，应视有机物含量而异。使用多次后，可用未接触过橡胶制品的新鲜去离子水作参比，在220nm和275nm波长处检验，测得吸光度应接近零。超过仪器允许误差时，需以甲醇再生。

（二）水样及空白测试

取预处理水样50mL，加入1.0mL盐酸溶液（1mol/L），0.1mL氨基磺酸溶液（0.8%）于50mL比色管中，当亚硝态氮低于 0.1mg/L 时，可不加入氨基磺酸溶液。用光程长 10mm 石英比色皿，在 220nm 和 275nm 波长处，以经过树脂吸附的新鲜去离子水 50mL 加 1mL 盐酸溶液为参比，测量吸光度。

（三）校准曲线的绘制

吸取 0.00mL、0.50mL、1.00mL、2.00mL、3.00mL、4.00mL 硝态氮标准使用液于 200mL 容量瓶中，用纯水定容，摇匀后其硝酸盐氮质量浓度分别为 0.00mg/L、0.25mg/L、0.5mg/L、1.00mg/L、1.50mg/L、2.00mg/L。按照水样测定相同的操作步骤测量其吸光度。

五、实验结果与数据处理

水样硝态氮含量按式（3-16）计算：

$$A_{校} = A_{220} - 2A_{275} \tag{3-16}$$

式中　A_{220}——220nm 波长测得的吸光度；
　　　A_{275}——275nm 波长测得的吸光度。

求得吸光度的校正值（$A_{校}$）以后，从校准曲线中可查得相应的硝酸盐氮量，即为水样测定结果（mg/L）。水样若经稀释后测定，则结果应乘以稀释倍数。

六、注意事项

溶解的有机物、表面活性剂、亚硝酸盐氮、六价铬、溴化物、碳酸氢盐和碳酸盐等干扰测定，需进行适当的预处理，可采用絮凝共沉淀和大孔中性吸附树脂进行处理，以排除其干扰。

七、思考题

（1）如何避免测量时有机物的影响？
（2）实验误差大时，如何修正？

实验 8　碱性过硫酸钾消解紫外分光光度法测定水中的总氮

一、实验目的和要求

学习并掌握总氮的测定原理和方法。

二、实验原理

在 120~124℃下，碱性过硫酸钾溶液可将样品中含氮化合物的氮转化为硝酸盐，采用紫外分光光度法于波长 220nm 和 275nm 处，分别测定吸光度 A_{220} 和 A_{275}，同硝态氮校正有机物的干扰，计算吸光度 $A_{校}$，总氮（以 N 计）含量与校正吸光度 $A_{校}$ 成正比。本方法最低检出质量浓度为 0.08mg/L，测定下限为 0.32mg/L，测定上限为 4mg/L。

三、仪器与试剂

（一）仪器与器皿

（1）紫外分光光度计：具 10mm 石英比色皿。

（2）高压蒸汽灭菌器：最高工作压力不低于 1.1～1.4kgf/cm² （1kgf/cm²=9.8×10⁴Pa）；最高工作温度不低 120～124℃。

（3）样品瓶、1000mL 容量瓶、25mL 具塞磨口玻璃比色管及其他实验室常用仪器与器皿。

（二）试剂

除非另有说明，分析时均使用符合国家标准的分析纯试剂，实验用水为无氨水。

（1）无氨水：每升水中加入 0.10mL 浓硫酸蒸馏，收集馏出液于具塞玻璃容器中；也可使用新制备的去离子水。

（2）浓盐酸：$\rho(HCl)=1.19g/mL$。

（3）浓硫酸：$\rho(H_2SO_4)=1.84g/mL$。

（4）盐酸溶液（体积比为 1∶9）。

（5）硫酸溶液（体积比为 1∶35）。

（6）氢氧化钠溶液，$\rho(NaOH)=200g/L$：称取 20.0g 氢氧化钠溶于 100mL 水中。

（7）氢氧化钠溶液，$\rho(NaOH)=20g/L$：量取 200g/L 氢氧化钠溶液 10.0mL，用水稀释至 100mL。

（8）碱性过硫酸钾溶液：称取 40.0g 过硫酸钾溶于 600mL 水中（可置于 50℃ 水浴中加热至全部溶解）；另称取 15.0g 氢氧化钠溶于 300mL 水中，待氢氧化钠溶液冷却至室温后，混合两种溶液定容至 1000mL，存放于聚乙烯瓶中，可保存一周。

（9）硝酸钾标准储备液，$\rho(N)=100mg/L$：称取 0.7218g 硝酸钾（在 105～110℃ 下烘干 2h，在干燥器中冷却至室温）溶于适量水，移至 1000mL 容量瓶中，用水稀释至标线，混匀。加入 1～2mL 三氯甲烷作为保护剂，在 0～10℃ 暗处保存，可稳定 6 个月。也可直接购买市售有证标准溶液。

（10）硝酸钾标准使用液，$\rho(N)=10.0mg/L$：量取 10.00mL 硝酸钾标准储备液至 100mL 容量瓶中，用水稀释至标线，混匀，临用现配。

四、实验步骤

（一）样品保存

将采集好的样品储存在聚乙烯瓶或硬质玻璃瓶中，用浓硫酸调节 pH 值至 1～2，常温下可保存 7d。储存在聚乙烯瓶中，−20℃冷冻，可保存一个月。

（二）试样的制备

取适量样品用氢氧化钠溶液或硫酸溶液调节 pH 值至 5～9，待测。

（三）样品分析

（1）样品的消解。量取 10.00mL 试样（若试样中的含氮量超过 70μg 时，可减少取样量并加水稀释至 10.00mL）于 25mL 具塞磨口玻璃比色管中，加入 5.00mL 碱性过硫酸钾溶液，塞紧管塞，用纱布和线绳扎紧管塞，以防弹出。将比色管置于高压蒸汽灭菌器中，加热至顶压阀吹气，关阀，继续加热至 120℃开始计时，保持温度在 120～124℃之间 30min。自然冷却、开阀放气，移去外盖，取出比色管冷却至室温，按住管塞将比色管中的液体颠倒混匀 2～3 次（若比色管在消解过程中出现管口或管塞破裂，应重新取样分析）。

（2）样品的分析测定。消解后的比色管加入 1.0mL 盐酸溶液（体积比为 1∶9），用水稀释至 25mL 标线，盖塞混匀。使用 10mm 石英比色皿，在紫外分光光度计上，以水作参比，分别于波长

220nm 和 275nm 处测定吸光度。用 10.00mL 水代替试样，按照上述步骤进行空白测定。

其中空白溶液的校正吸光度 A_b、试样的校正吸光度 A_s 及其差值 A_r 按式（3-17）~式（3-19）进行计算：

$$A_b = A_{b220} - 2A_{b275} \tag{3-17}$$

$$A_s = A_{s220} - 2A_{s275} \tag{3-18}$$

$$A_r = A_s - A_b \tag{3-19}$$

式中　A_b——空白溶液的校正吸光度；

A_{b220}——空白溶液于波长 220nm 处的吸光度；

A_{b275}——空白溶液于波长 275nm 处的吸光度；

A_s——试样的校正吸光度；

A_{s220}——试样于波长 220nm 处的吸光度；

A_{s275}——试样于波长 275nm 处的吸光度；

A_r——试样校正吸光度与零浓度（空白）溶液校正吸光度的差。

（四）校准曲线的绘制

分别量取 0.00mL、0.20mL、0.50mL、1.00mL、3.00mL 和 7.00mL 硝酸钾标准使用液于 25mL 具塞磨口玻璃比色管中，其对应的总氮（以 N 计）含量分别为 0.00μg、2.00μg、5.00μg、10.0μg、30.0μg 和 70.0μg。加水稀释至 10.00mL，同"（三）样品分析"测定步骤进行测定。以总氮（以 N 计）含量（μg）为横坐标，对应的 A_r 值为纵坐标，绘制校准曲线。

五、实验结果与数据处理

根据试样校正吸光度和空白实验校正吸光度差值 A_r，样品中总氮的质量浓度 ρ(mg/L) 按式（3-20）进行计算：

$$\rho = \frac{(A_r - a)f}{bV} \tag{3-20}$$

式中　ρ——样品中总氮（以 N 计）的质量浓度，mg/L；

A_r——试样的校正吸光度与空白实验校正吸光度的差值；

a——校准曲线的截距；

b——校准曲线的斜率；

V——试样体积，mL；

f——稀释倍数。

六、注意事项

（1）某些含氮有机物在本实验的测定条件下不能完全转化为硝酸盐。

（2）测定应在无氨的实验室环境中进行，避免环境交叉污染对测定结果产生影响。

（3）实验所用的器皿和高压蒸汽灭菌器等均应无氮污染。实验中所用的玻璃器皿应用盐酸溶液或硫酸溶液浸泡，用自来水冲洗后再用无氨水冲洗数次，洗净后立即使用。高压蒸汽灭菌器应每周清洗。

（4）在碱性过硫酸钾溶液配制过程中，温度过高会导致过硫酸钾分解失效，因此要控制水浴温度在60℃以下，而且应等氢氧化钠溶液冷却至室温后，再将其与过硫酸钾溶液混合、定容。

（5）使用高压蒸汽灭菌器时，应定期检定压力表，并检查橡胶密封圈密封情况，避免因漏气而减压。

七、思考题

（1）总氮测定过程中空白偏高，分析其原因。
（2）哪些因素会导致总氮的测定结果偏高或偏低？

实验9　钼酸铵分光光度法测定水中的总磷

一、实验目的和要求

（1）掌握水中总磷的测定原理和方法。
（2）了解水体中总磷污染的危害与控制方法。

二、实验原理

在中性条件下用过硫酸钾（或硝酸-高氯酸）使试样消解，将所含磷全部氧化为正磷酸盐。在酸性介质中，正磷酸盐与钼酸铵反应，在锑盐存在下生成磷钼杂多酸后，立即被抗坏血酸还原，生成蓝色的络合物，在一定范围内其吸光度与总磷浓度成正比。本方法最低检出浓度为0.01mg/L，测定上限为0.06mg/L。

三、仪器与试剂

（一）仪器与器皿

（1）分光光度计，配有光程为30mm的比色皿。
（2）医用手提式高压蒸汽消毒器或一般压力锅（1.1~1.4kgf/cm²）。
（3）烧杯、容量瓶及其他一般实验室常用仪器与器皿（所有玻璃器皿均用稀盐酸或稀硝酸浸泡）。

（二）试剂

除另有说明外，均应使用符合国家标准或专业标准的分析试剂和蒸馏水或同等纯度的水。

（1）硫酸溶液（体积比为1∶1）：将100mL硫酸沿烧杯壁缓慢加入100mL水中，搅拌混匀，冷却备用。

（2）过硫酸钾溶液，$c(K_2S_2O_8)$=50g/L：将5g过硫酸钾（$K_2S_2O_8$）溶解于水，并稀释至100mL。

（3）抗坏血酸溶液，$c(C_6H_8O_6)$=100g/L：溶解10g抗坏血酸于水中，并稀释至100mL，此溶液储于棕色的试剂瓶中，在冷处可稳定几周。如不变色可长时间使用。

（4）钼酸盐溶液：溶解13g钼酸铵[$(NH_4)_6Mo_7O_{24}·4H_2O$]于100mL水中；溶解0.35g酒石酸锑钾（$KSbC_4H_4O_7·1/2H_2O$）于100mL水中；不断搅拌下把钼酸铵溶液徐徐加到300mL硫酸溶液（体积比为1∶1）中，后加酒石酸锑钾溶液并混匀。此溶液储于棕色试剂瓶中，在冷处可保存2个月。

（5）浊度-色度补偿液：混合两个体积硫酸溶液（体积比为1∶1）和一个体积抗坏血酸溶液。

（6）磷标准储备溶液，$\rho(P)$=50mg/L：称取（0.2197±0.001）g于110℃干燥2h在干燥器中放冷的磷酸二氢钾（KH_2PO_4），用水溶解后转移至1000mL容量瓶中，加入大约800mL水、5mL硫酸溶液（体积比为1∶1），用水稀释至标线并混匀。本溶液在玻璃瓶中可储存至少六个月。

（7）磷标准使用溶液，$\rho(P)$=2mg/L：将10.0mL的磷标准储备溶液转移至250mL容量瓶中，用水稀释至标线并混匀。使用当天配制。

四、实验步骤

（一）采样

采集500mL水样后加入1mL硫酸（ρ=1.84g/mL）调节样品的pH值，使之低于或等于1，或不加任何试剂于冷处保存。含磷量较少的水样，不可用塑料瓶采样，因磷酸盐易吸附在塑料瓶壁上。

（二）试样的分析测定

（1）样品准备。取25mL样品于50mL具塞刻度管中，取时应仔细摇匀，以得到溶解部分和悬浮部分均具有代表性的试样。如样品中含磷浓度较高，试样体积可以减少。

（2）样品消解。向试样中加4mL过硫酸钾溶解（如用硫酸保存水样，当用过硫酸钾消解时，需先将试样调至中性），将具塞刻度管的盖塞紧后，用纱布和棉线将玻璃塞扎紧（或用其他方法固定），放在大烧杯中置于高压蒸汽消毒器中加热，待压力达1.1kgf/cm^2，相应温度为120℃时，保持30min后停止加热。待压力表读数降至零后，取出放冷，然后用水稀释至标线。

（3）样品发色与测定。分别向上述消解液中加入1mL抗坏血酸溶液混匀，30s后加2mL钼酸盐溶液充分混匀。室温下放置15min后（若显色时室温低于13℃，可在20~30℃水浴上显色15min），使用光程为30mm比色皿，在700nm波长下，以水作参比，测定吸光度。用水代替试样，同试样测定过程进行空白实验。扣除空白实验的吸光度后，从校准曲线上查得磷的含量。

（三）校准曲线的绘制

取7支50mL具塞刻度管分别加入0.00mL、0.50mL、1.00mL、3.00mL、5.00mL、10.00mL和15.00mL磷标准使用溶液，加水至25mL，其对应的总磷含量分别为0.0μg、1.0μg、2.0μg、6.0μg、10.0μg、20.0μg和30.0μg。同"（二）试样的分析测定"步骤进行测定，以水作参比，测定吸光度。扣除空白实验的吸光度后，和对应的磷的含量绘制工作曲线。

五、实验结果与数据处理

总磷含量以c(mg/L)表示，按式（3-21）计算：

$$c = \frac{m}{V} \tag{3-21}$$

式中 m——试样测得含磷量，μg；

V——测定用试样体积，mL。

六、注意事项

（1）如试样中含有浊度或色度时，需配制一个空白试样（消解后用水稀释至标线），然后向其中加入3mL浊度-色度补偿液，但不加抗坏血酸溶液和钼酸盐溶液，从其吸光度中扣除空白试样的吸光度。

（2）砷大于 2mg/L 干扰测定，用硫代硫酸钠去除。硫化物大于 2mg/L 干扰测定，通氮气去除。铬大于 50mg/L 干扰测定，用亚硫酸钠去除。

七、思考题

（1）当试样中浊度或色度较高时，应如何处理？

（2）总磷的测定过程受哪些因素干扰？

第三节　金属元素的测定

实验 10　二苯碳酰二肼分光光度法测定水中六价铬

一、实验目的和要求

（1）掌握二苯碳酰二肼分光光度法（DPC 法）测定水中六价铬的原理及基本操作。

（2）熟悉分光光度计的使用方法。

二、实验原理

在酸性溶液中，六价铬与二苯碳酰二肼反应生成紫红色络合物，该络合物的吸光度与六价铬含量成正比，通常可于最大吸收波长 540nm 处测定其吸光度，计算出六价铬浓度。

三、仪器与试剂

（一）仪器与器皿

分光光度计，配有 10mm 或 30mm 光程比色皿、烧杯、容量瓶、50mL 具塞比色管及一般实验室常用仪器与器皿。

（二）试剂

除另有说明外，所用试剂均为分析纯试剂。

（1）硫酸溶液（体积比为 1∶1）。

（2）磷酸溶液（体积比为 1∶1）。

（3）氢氧化钠溶液，4g/L。

（4）氢氧化锌共沉淀剂：将 100mL 硫酸锌溶液（$ZnSO_4 \cdot 8H_2O$，0.8g/L）与 120mL 氢氧化钠溶液（NaOH，20g/L）混合。

（5）高锰酸钾溶液，40g/L：称取 4g 高锰酸钾（$KMnO_4$），在加热下溶于少量水中，待溶解后，用水稀释至 100mL。

（6）尿素溶液，200g/L：称取 20g 尿素〔$(NH_2)_2CO$〕，溶于水中，并稀释至 100mL。

（7）亚硝酸钠溶液，20g/L：称取2g亚硝酸钠（NaNO$_2$），溶于水中，并稀释至100mL。

（8）铬标准储备液，0.1000mg Cr^{6+}/mL：称取0.2829g于120℃下烘2h的重铬酸钾，用少量水溶解后，移入1000mL容量瓶中，用水稀释至标线，摇匀。

（9）铬标准溶液，1.00μg/mL：吸取5mL铬标准储备液于500mL容量瓶中，用水稀释至标线，摇匀。用时现配。

（10）显色剂Ⅰ：称取0.2g二苯碳酰二肼（C$_{13}$H$_{14}$N$_4$O），溶于50mL丙酮（C$_3$H$_6$O）中，加水稀释至100mL，摇匀置于棕色瓶中，在低温下保存。

（11）显色剂Ⅱ：称取2.0g二苯碳酰二肼（C$_{13}$H$_{14}$N$_4$O），溶于50mL丙酮（C$_3$H$_6$O）中，加水稀释至100mL，摇匀置于棕色瓶中，在低温下保存。

四、实验步骤

（一）样品的预处理

（1）样品中不含悬浮物，且色度较低的清洁地表水可直接测定。

（2）色度校正。另取一份试料，按样品测定步骤（只是取2.0mL丙酮代皆显色剂）测定吸光度扣除此色度，校正吸光度值。

（3）还原性物质的消除。取适量样品（六价铬含量少于50μg）于50mL比色管中，用水稀释至标线，加入显色剂Ⅱ 4mL，摇匀，放5min后加硫酸溶液1.0mL，摇匀放5~10min后，在540nm波长处，以水为参比可测定其吸光度。此方法可消除Fe^{2+}、SO_3^{2-}、$S_2O_3^{2-}$等还原性物质的干扰。

（4）浑浊、色度较深样品的处理。取适量样品（六价铬含量少于100μg）于150mL烧杯中，加水至50mL，滴加氢氧化钠溶液调节pH值为7~8。不断搅拌下，滴加氢氧化锌共沉淀剂至溶液pH值为8~9。将此溶液转移至100mL容量瓶中，用水稀释至标线。用慢速滤纸过滤，弃去10~20mL初滤液，取其中50mL滤液进行测试。

（5）次氯酸盐氧化性物质的消除。取适量试样（六价铬含量少于50μg）于50mL的比色管中用水稀释至标线，分别加入硫酸溶液0.5mL、磷酸溶液0.5mL、尿素溶液1.0mL摇匀，逐滴加入亚硝酸钠溶液，边加边摇，以后按如下测定步骤进行（免去加入硫酸溶液和磷酸溶液）。

（二）样品测定

吸取适量（六价铬含量少于50μg）无色透明试样于50mL比色管中用水稀释至标线。依次加入0.5mL硫酸溶液、0.5mL磷酸溶液，摇匀后加入2.0mL显色剂Ⅰ，摇匀后放置5~10min。用10mm或30mm光程比色皿，于540nm处，以水作参比，测定吸光度，减去空白实验的吸光度，从校准曲线上计算得六价铬含量。

（三）空白实验

以50mL水代替试样，按照"（二）样品测定"步骤做空白实验。

（四）校准曲线的绘制

向9支50mL具塞比色管中分别加入0.00mL、0.20mL、0.50mL、1.00mL、2.00mL、4.00mL、6.00mL、8.00mL和10.00mL铬标准溶液，加水至标线，按测定步骤显色和测定吸光度，以减去空白的吸光度为纵坐标，六价铬的量（μg）为横坐标，绘制校准曲线。

五、实验结果与数据处理

六价铬浓度 c(mg/L)，按式（3-22）计算：
$$c = \frac{m}{V} \tag{3-22}$$

式中　m——从校准曲线上查得的试样中六价铬的量，μg；
　　　V——试样的体积，mL。

六、注意事项

根据试样性质选择合适的预处理方法，提高六价铬的测试精度。

七、思考题

（1）当样品浑浊、色度较深时为什么需要做前处理？
（2）如何测定水中的总铬？

实验 11　火焰原子吸收分光光度法测定水中的铁、锰、镍

一、实验目的和要求

（1）掌握火焰原子吸收分光光度法测定铁、锰、镍的原理及基本操作。
（2）熟悉火焰原子吸收分光光度计的使用方法。

二、实验原理

样品或消解处理过的样品直接吸入火焰中，铁、锰、镍的化合物易于原子化，可分别于 248.3nm、279.5nm、232.0nm 处测量铁、锰、镍基态原子对其空心阴极灯特征辐射的吸收。在一定条件下，吸光度与待测样品中金属浓度成正比。

三、仪器与试剂

（一）仪器与器皿

（1）原子吸收分光光度计。
（2）铁、锰、镍空心阴极灯。
（3）乙炔钢瓶或乙炔发生器。
（4）空气压缩机，应备有除水、除油、除尘装置。
（5）可调温电热板。
（6）聚乙烯瓶，烧杯，50mL、100mL、1000mL 容量瓶，0.45μm 滤膜及一般实验室常用玻璃器皿。

（二）试剂

（1）硝酸，$\rho(HNO_3)$=1.42g/mL，优级纯。

（2）硝酸溶液（体积比为1∶1）。

（3）硝酸溶液（体积比为1∶99）。

（4）盐酸溶液（体积比为1∶1）。

（5）盐酸溶液（体积比为1∶99）。

（6）氯化钙溶液：将无水氯化钙2.7750g溶于水并稀释至100mL。

（7）铁标准储备液：称取光谱纯金属铁1.0000g（准确到0.0001g），用60mL盐酸溶液（体积比为1∶1）溶解，用去离子水准确稀释至1000mL。

（8）锰标准储备液：称取光谱纯金属锰1.0000g（准确到0.001g，称前用稀硫酸洗去表面氧化物，再用去离子水洗去酸，烘干，在干燥器中冷却后，尽快称取），用10mL硝酸溶液（体积比为1∶1）溶解。当锰完全溶解后，用盐酸溶液（体积比为1∶99）准确稀释至1000mL。

（9）镍标准储备液：称取光谱纯金属镍1.0000g（准确到0.0001g），加硝酸10mL，待完全溶解后，用去离子水稀释至1000mL，每毫升溶液含1.00mg镍。

（10）铁、锰、镍混合标准工作液：分别移取铁标准储备液50.00mL，锰标准储备液25.00mL和镍标准储备液10.00mL于1000mL容量瓶中，用盐酸溶液（体积比为1∶99）稀释至标线，摇匀。此溶液中铁、锰、镍的浓度分别为50.0mg/L、25.0mg/L、10.0mg/L。

四、实验步骤

（一）样品处理

采样前，所用聚乙烯瓶先用洗涤剂洗净，再用硝酸溶液（体积比为1∶1）浸泡24h以上，然后用水冲洗干净。若仅测定可过滤态铁、锰、镍，样品采集后尽快通过0.45μm滤膜过滤，并立即加硝酸酸化滤液，使pH值为1~2。

测定铁、锰、镍总量时样品通常需要消解。混匀后分取适量样品于烧杯中。每100mL水样加5mL浓硝酸，置于电热板上在近沸状态下将样品蒸至近干，冷却后再加入浓硝酸5mL重复上述步骤一次。必要时再加入浓硝酸或高氯酸，直至消解完全。蒸至近干后，加盐酸溶液（体积比为1∶99）或硝酸溶液（体积比为1∶99）溶解残渣，若有沉淀，用定量滤纸滤入50mL容量瓶中，加氯化钙溶液1mL，以盐酸溶液（体积比为1∶99）或硝酸溶液（体积比为1∶99）稀释至标线。

（二）分析步骤

（1）空白实验。用水代替试样做空白实验。采用相同的步骤，且与采样和测定中所用的试剂用量相同，在测定样品的同时，测定空白。

（2）校准曲线的绘制。分别取铁、锰、镍混合标准工作液于50mL容量瓶中，用盐酸（体积比为1∶99）稀释至标线，摇匀。至少应配制5个标准溶液，且待测元素的浓度应落在这一标准系列范围内。根据仪器说明书选择最佳参数，用盐酸溶液（体积比为1∶99）调零后，在选定的条件下测量其相应的吸光度，绘制校准曲线。在测量过程中，要定期检查校准曲线。

（3）样品测定。在测量标准系列溶液的同时测量样品溶液及空白溶液的吸光度。由样品吸光度减去空白吸光度，从校准曲线上求得样品溶液中铁、锰、镍的含量。

五、实验结果与数据处理

实验室样品中的铁、锰、镍浓度 c(mg/L)，按式（3-23）计算：

$$c = \frac{m}{V} \tag{3-23}$$

式中　c——样品中铁、锰、镍浓度，mg/L；
　　　m——样品中铁、锰、镍含量，μg；
　　　V——分取水样体积，mL。

六、注意事项

（1）影响铁、锰、镍原子吸收法准确度的主要是化学干扰，当硅的浓度大于 20mg/L 时，对铁的测定产生负干扰；当硅的浓度大于 50mg/L 时，对锰的测定也产生负干扰，这些干扰的程度随着硅的浓度增加而增加。如试样中存在 200mg/L 氧化钙时，上述干扰可以消除。一般来说，铁、锰、镍的火焰原子吸收法的基体干扰不严重，由分子吸收或光散射造成的背景吸收也可忽略，但遇到高矿化度水样，有背景吸收时，应采用背景校正措施，或将水样适当稀释后再测定。

（2）铁、锰、镍的光谱线较复杂，为克服光谱干扰，应选择小的光谱通带。

七、思考题

（1）溶解性金属与金属总量测定过程有何区别？
（2）水中的铁、锰、镍测定受哪些因素影响？

实验 12　冷原子吸收分光光度法测定水中的汞

一、实验目的和要求

（1）掌握冷原子吸收分光光度法测定汞的原理及基本操作。
（2）学会标准曲线的绘制方法及其使用。

二、实验原理

在加热条件下，用高锰酸钾和过硫酸钾在硫酸-硝酸介质中消解样品。消解后的样品中所含汞可全部转化为二价汞，用盐酸羟胺将过剩的氧化剂还原，再用氯化亚锡将二价汞还原成金属汞。在室温下通入空气或氮气，将金属汞气化，载入冷原子吸收汞分析仪，可于 253.7nm 波长处测定响应值，汞的含量与响应值成正比。

三、仪器与试剂

（一）仪器与器皿

（1）冷原子吸收汞分析仪，具空心阴极灯或无极放电灯。

（2）反应装置：总容积为250mL或500mL，具有磨口，带莲蓬形多孔吹气头的玻璃翻泡瓶，或与仪器相匹配的反应装置。

（3）可调温电热板或高温电炉。

（4）恒温水浴锅：温控范围为室温至100℃。

（5）样品瓶：500mL和1000mL，硼硅玻璃或高密度聚乙烯材质。

（6）烧杯、广口瓶、100mL和1000mL容量瓶及其他一般实验室常用玻璃器皿。

（7）天平：精度为0.1mg。

（二）试剂

（1）无汞水：一般使用二次重蒸水或去离子水，也可使用加浓盐酸酸化至pH=3，然后通过巯基棉纤维管除汞后的普通蒸馏水。

（2）浓硫酸：$\rho(H_2SO_4)$=1.84g/mL，优级纯。

（3）浓盐酸：$\rho(HCl)$=1.19g/mL，优级纯。

（4）浓硝酸：$\rho(HNO_3)$=1.42g/mL，优级纯。

（5）硝酸溶液（体积比为1：1）。

（6）高锰酸钾溶液：$\rho(KMnO_4)$=50g/L。

（7）过硫酸钾溶液：$\rho(K_2S_2O_8)$=50g/L。

（8）巯基棉纤维：于棕色磨口广口瓶中，依次加入100mL硫代乙醇酸（$CH_2SHCOOH$）、60mL乙酸酐[$(CH_3CO)_2O$]、40mL 36%乙酸（CH_3COOH）、0.3mL浓硫酸，充分混匀，冷却至室温后，加入30g长纤维脱脂棉，铺平，使之浸泡完全，用水冷却，待反应产生的热散去后，加盖，放入40℃烘箱中2~4d后取出。用耐酸过滤器抽滤，用水充分洗涤至中性后，摊开，于30~35℃下烘干。成品置于棕色磨口广口瓶中，避光低温保存。

（9）盐酸羟胺溶液（$NH_2OH \cdot HCl$，200g/L）：该溶液常含有汞，应提纯。当汞含量较低时，采用巯基棉纤维管除汞法，即在内径6~8mm、长约100mm、一端拉细的玻璃管，或500mL分液漏斗放液管中，填充0.1~0.2g巯基棉纤维，将待净化试剂以10mL/min速度流过1~2次即可除尽汞；当汞含量较高时，先按萃取除汞法除掉大量汞，再按巯基棉纤维管除汞法除尽汞。萃取除汞法为量取250mL盐酸羟胺溶液倒入500mL分液漏斗中，每次加入0.1g/L双硫腙（$C_{13}H_{12}N_4S$）的四氯化碳（CCl_4）溶液15mL，反复进行萃取，直至含双硫腙的四氯化碳溶液保持绿色不变为止。然后用四氯化碳萃取，以除去多余的双硫腙。

（10）氯化亚锡溶液，$\rho(SnCl_2)$=200g/L：称取20g氯化亚锡（$SnCl_2 \cdot 2H_2O$）于干燥的烧杯中，加入20mL浓盐酸，微微加热。待完全溶解后，冷却，再用水稀释至100mL。若含有汞，可通入氮气或空气去除。

（11）重铬酸钾溶液，$\rho(K_2Cr_2O_7)$=0.5g/L：称取0.5g重铬酸钾溶于950mL水中，再加入50mL浓硝酸。

（12）汞标准储备液，$\rho(Hg)$=100mg/L：称取置于硅胶干燥器中充分干燥的0.1354g氯化汞（$HgCl_2$），溶于重铬酸钾溶液后，转移至1000mL容量瓶中，再用重铬酸钾溶液稀释至标线，混匀。

（13）汞标准中间液，$\rho(Hg)$=10.0mg/L：量取10.00mL汞标准储备液至100mL容量瓶中。用重铬酸钾溶液稀释至标线，混匀。

（14）汞标准使用液Ⅰ，$\rho(Hg)$=0.1mg/L：量取 10.00mL 汞标准中间液至 1000mL 容量瓶中。用重铬酸钾溶液稀释至标线，混匀。室温阴凉处放置，可稳定 100d 左右。

（15）汞标准使用液Ⅱ，$\rho(Hg)$=10μg/L：量取 10.00mL 汞标准使用液Ⅰ至 100mL 容量瓶中。用重铬酸钾溶液稀释至标线，混匀。临用现配。

（16）稀释液：称取 0.2g 重铬酸钾溶于 900mL 水中，再加入 27.8mL 浓硫酸，用水稀释至 1000mL。

（17）仪器洗液：称取 10g 重铬酸钾溶于 9L 水中，加入 1000mL 浓硝酸。

（18）重铬酸钾（$K_2Cr_2O_7$），分析纯。

四、实验步骤

（一）样品的采集和保存

（1）采集水样时，样品应尽量充满样品瓶，以减少器壁吸附。工业废水和生活污水样品采集量应不少于 500mL，地表水和地下水样品采集量应不少于 1000mL。

（2）采样后立即按每升水样加入 10mL 浓盐酸的比例对水样进行固定，固定后水样的pH值应小于 1，否则应适当增加浓盐酸的加入量，然后加入 0.5g 重铬酸钾，若橙色消失，应适当补加重铬酸钾，使水样呈持久的淡橙色，密塞，摇匀。在室温阴凉处放置，可保存 1 个月。

（二）试样的制备

选用高锰酸钾-过硫酸钾消解法制备试样，该消解方法适用于地表水、地下水、工业废水和生活污水。样品摇匀后，量取 100.0mL 样品移入 250mL 锥形瓶中。若样品中汞含量较高，可减少取样量并稀释至 100mL。依次加入 2.5mL 浓硫酸、2.5mL 硝酸溶液和 4mL 高锰酸钾溶液，摇匀。若 15min 内不能保持紫色，则需补加适量高锰酸钾溶液，以使颜色保持紫色，但高锰酸钾溶液总量不超过 30mL。然后，加入 4mL 过硫酸钾溶液。插入漏斗，置于沸水浴中在近沸状态保温 1h，取下冷却。测定前，边摇边滴加盐酸羟胺溶液，直至刚好使过剩的高锰酸钾及器壁上的二氧化锰全部褪色为止，待测。

当测定地表水或地下水时，量取 200.0mL 水样置于 500mL 锥形瓶中，依次加入 5mL 浓硫酸、5mL 硝酸溶液和 4mL 高锰酸钾溶液，摇匀。其他操作按照上述步骤进行。

（三）空白试样的制备

用水代替样品，按照试样制备步骤准备空白试样，并把采样时加的试剂量考虑在内。

（四）校准曲线的绘制

（1）高质量浓度校准曲线的绘制。分别量取 0.00mL、0.50mL、1.00mL、1.50mL、2.00mL、2.50mL、3.00mL 和 5.00mL 汞标准使用液Ⅰ，于 100mL 容量瓶中，用稀释液定容至标线，总汞质量浓度分别为 0.00μg/L、0.50μg/L、1.00μg/L、1.50μg/L、2.00μg/L、2.50μg/L、3.00μg/L 和 5.00μg/L。将上述标准系列依次移至 250mL 反应装置中，加入 2.5mL 氯化亚锡溶液，迅速插入吹气头，由低质量浓度到高质量浓度测定响应值。以零质量浓度校正响应值为纵坐标，对应的总汞质量浓度（μg/L）为横坐标，绘制校准曲线。

注意：高质量浓度校准曲线适用于工业废水和生活污水的测定。

（2）低质量浓度校准曲线的绘制。分别量取 0.00mL、0.50mL、1.00mL、2.00mL、3.00mL、

4.00mL 和 5.00mL 汞标准使用液Ⅱ于 200mL 容量瓶中，用稀释液定容至标线，总汞质量浓度分别为 0.000μg/L、0.025μg/L、0.050μg/L、0.100μg/L、0.150μg/L、0.200μg/L 和 0.250μg/L。将上述标准系列依次移至 500mL 反应装置中，加入 5mL 氯化亚锡溶液，迅速插入吹气头，由低质量浓度到高质量浓度测定响应值。以零质量浓度校正响应值为纵坐标，对应的总汞质量浓度（μg/L）为横坐标，绘制校准曲线。

注意：低质量浓度校准曲线适用于地表水和地下水的测定。

五、实验结果与数据处理

样品中总汞的质量浓度 ρ(μg/L)，按照式（3-24）进行计算。

$$\rho = \frac{(\rho_1 - \rho_0)V_0}{V} \times \frac{V_1 + V_2}{V_1} \quad (3\text{-}24)$$

式中　ρ——总汞的质量浓度，g/L；

　　　ρ_1——根据校准曲线计算出试样中总汞的质量浓度，g/L；

　　　ρ_0——根据校准曲线计算出空白试样中总汞的质量浓度，g/L；

　　　V_0——标准系列的定容体积，mL；

　　　V_1——采样体积，mL；

　　　V_2——采样时向水中加入浓盐酸体积，mL；

　　　V——采样时分取样品体积，mL。

六、注意事项

（1）实验所用试剂（尤其是高锰酸钾）中的汞含量对空白实验测定值影响较大。因此，实验过程中应该选择汞含量尽可能低的试剂。

（2）汞的吸附或解吸反应易在反应容器和玻璃器皿内壁上发生，故每次测定前应采用仪器洗液将反应容器和玻璃器皿浸泡过夜后，用水冲洗干净。

（3）每测定一个样品后，取出吹气头，弃去废液，用水清洗反应装置两次，再用稀释液清洗一次，以氧化可能残留的二价锡。

（4）吹气头与底部距离越近越好。采用抽气（或吹气）鼓泡法时，气相与液相体积比应为（1∶1）～（5∶1），以（2∶1）～（3∶1）最佳；当采用闭气振摇操作时，气相与液相体积比应为（3∶1）～（8∶1）。

（5）当采用闭气振摇操作时，试样加入氯化亚锡后，先在闭气条件下用手或振荡器充分振 30～60s，待完全达到气液平衡后才将汞蒸气抽入（或吹入）吸收池。

（6）反应装置的连接管宜采用硼硅玻璃、高密度聚乙烯、聚四氟乙烯、聚砜等材质，不宜采用硅胶。

七、思考题

（1）如何减少环境中汞对试样中汞测定的干扰？

（2）测定过程中应注意哪些因素以减少对汞测定精度的干扰？

第四节 无机非金属污染物的测定

实验13 原子荧光法测定水中的砷

一、实验目的和要求

（1）掌握原子荧光法测定砷的原理及基本操作。
（2）学会标准曲线的绘制方法及其使用。

二、实验原理

经预处理后的试液进入原子荧光仪，在酸性条件硼氢化钾（或硼氢化钠）的还原作用下，生成砷化氢，砷化氢在氩氢火焰中形成基态原子，其基态原子和汞原子受砷元素灯发射光的激发产生原子荧光，原子荧光强度与试液中待测元素含量在一定范围内成正比。

三、仪器与试剂

（一）仪器与器皿

（1）原子荧光光谱仪。
（2）元素灯（砷）。
（3）可调温电热板。
（4）恒温水浴装置：温控精度±1℃。
（5）抽滤装置：0.45μm 孔径水系微孔滤膜。
（6）采样瓶，50mL、100mL、1000mL 容量瓶，0.45μm 滤膜，150mL 锥形瓶，10mL 比色管及其他一般实验室常用仪器与器皿。

（二）试剂

（1）盐酸溶液（体积比为1∶1）。
（2）盐酸溶液（体积比为5∶95）。
（3）硝酸-高氯酸混合酸：用等体积浓硝酸和高氯酸混合配制，临用时现配。
（4）还原剂：称取 0.5g 氢氧化钠溶于 100mL 水中，加入 2.0g 硼氢化钾，混匀。此溶液用于砷的测定，临用时现配，存于塑料瓶中。
（5）硫脲-抗坏血酸溶液：称取硫脲和抗坏血酸各 5.0g，用 100mL 水溶解混匀，当日配制。
（6）砷标准储备液，$\rho(As)=100mg/L$：称取 0.1320g 于 105℃干燥 2h 的优级纯三氧化二砷溶解于 5mL 1mol/L 氢氧化钠溶液中，用 1mol/L 盐酸溶液中和至酚酞红色褪去，移入 1000mL 容量瓶中，用水稀释至标线，混匀。储存于玻璃瓶中。4℃下可存放 2 年。
（7）砷标准中间液，$\rho(As)=1.00mg/L$：移取 5.00mL 砷标准储备液于 500mL 容量瓶中，加入 100mL 盐酸溶液（体积比为1∶1），用水稀释至标线，混匀。4℃下可存放 1 年。
（8）砷标准使用液，$\rho(As)=100μg/L$：移取 10.00mL 砷标准中间液于 100mL 容量瓶中，加入

20mL 盐酸溶液（体积比为1∶1），用水稀释至标线，混匀。4℃下可存放30d。

（9）氩气：纯度≥99.999%。

四、实验步骤

（一）样品准备

（1）溶解态砷样品的保存。样品采集后尽快用 0.45μm 滤膜过滤，弃去初始滤液 50mL，用少量滤液清洗采样瓶，收集滤液于采样瓶中。测定砷样品时每升水样中加入 2mL 浓盐酸，样品保存期为 14d。

（2）砷总量样品的保存。样品采集后不过滤，其他处理方法和保存同溶解态样品。

（3）试样的制备。量取 50.0mL 混匀后的样品于 150mL 锥形瓶中，加入 5mL 硝酸-高氯酸混合酸，于电热板上加热至冒白烟，冷却。再加入 5mL 盐酸溶液（体积比为1∶1），加热至黄褐色烟冒尽，冷却后移入 50mL 容量瓶中，加水稀释定容，混匀，待测。

（4）空白试样。以蒸馏水代替样品，按照上述步骤制备空白试样。

（二）分析步骤

（1）校准标准系列配制。分别移取 0.00mL、0.50mL、1.00mL、2.00mL、3.00mL、5.00mL 砷标准使用液于 50mL 容量瓶中，分别加入 10mL 盐酸溶液（体积比为1∶1）、10mL 硫脲-抗坏血酸溶液，室温放置 30min（室温低于 15℃时，置于 30℃水浴中保温 30min）用水稀释定容，混匀。

（2）校准曲线的绘制。参考测量条件（负高压 260～300V，灯电流 40～60mA，原子化气预热温度 200℃，载气流量 400mL/min，屏蔽气流量 900～1000mL/min，积分方式为峰面积）或采用自行确定的最佳测量条件，以盐酸溶液（体积比为5∶95）为载流，硼氢化钾溶液为还原剂，浓度由低到高依次测定砷标准系列的原子荧光强度，以原子荧光强度为纵坐标，相应元素的质量浓度为横坐标，绘制校准曲线。

（3）试样的测定。量取 5.0mL 试样于 10mL 比色管中，加入 2mL 盐酸溶液（体积比为1∶1）、2mL 硫脲-抗坏血酸溶液，室温放置 30min（室温低于 15℃时，置于 30℃水浴中保温 30min），用水稀释定容，混匀，按照与绘制校准曲线相同的条件进行测定。超过校准曲线高浓度点的样品，对其消解液稀释后再行测定，稀释倍数为 f。

（4）空白实验。同试样相同测定步骤测定空白试样。

五、实验结果与数据处理

试样中砷元素的质量浓度按式（3-25）进行计算：

$$\rho = \frac{\rho_1 f V_1}{V} \tag{3-25}$$

式中 ρ ——样品中砷的质量浓度，μg/L；

ρ_1——由校准曲线上查得的试样中待测元素的质量浓度，μg/L；

f——试样稀释倍数（样品若有稀释）；

V_1——分取后测定试样的定容体积，mL；

V——分取试样的体积，mL。

六、注意事项

（1）硼氢化钾是强还原剂，极易与空气中的氧气和二氧化碳反应，在中性和酸性溶液中易分解产生氢气，所以配制硼氢化钾还原剂时，要将硼氢化钾固体溶解在氢氧化钠溶液中，并临用现配。

（2）实验室所用的玻璃器皿均需用硝酸溶液浸泡24h，或用热硝酸荡洗。清洗时依次用自来水、去离子水洗净。

七、思考题

（1）根据测定原理，哪些金属元素可以采用本实验方法进行分析测定？

（2）原子荧光法测定水中砷元素时存在哪些干扰因素？如何避免？

实验14　N,N-二乙基对苯二胺分光光度法测定水中的游离氯

一、实验目的和要求

（1）掌握 N,N-二乙基对苯二胺（DPD）分光光度法测定游离氯的原理及基本操作。

（2）学会标准曲线的绘制方法及其使用。

二、实验原理

在 pH 6.2~6.5 条件下，游离氯直接与 N,N-二乙基对苯二胺（DPD）发生反应，生成红色化合物，于515nm波长处测定其吸光度。

由于游离氯标准溶液不稳定且不易获得，本实验以碘分子或 $[I_3]^-$ 代替游离氯作校准曲线。以碘酸钾为基准，在酸性条件下与碘化钾发生如下反应：$IO_3^- + 5I^- + 6H^+ \Longrightarrow 3I_2 + 3H_2O$，$I_2 + I^- = [I_3]^-$，生成的碘分子或 $[I_3]^-$ 与 DPD 发生显色反应，碘分子与氯分子的物质的量的比例关系为 1:1。

三、仪器与试剂

（一）仪器与器皿

（1）可见分光光度计：配有 10mm 和 50mm 比色皿。

（2）天平：精度分别为 0.1g 和 0.1mg。

（3）烧杯，250mL 锥形瓶，100mL、1000mL 容量瓶及其他一般常用玻璃器皿，且实验中的玻璃器皿使用前需在次氯酸钠溶液中浸泡 1h，然后用水充分漂洗。

（二）试剂

（1）实验用水：为不含氯和还原性物质的去离子水或二次蒸馏水，实验用水需通过检验方能使用。检验方法：向第一个 250mL 锥形瓶中加入 100mL 待测水和 1.0g 碘化钾，混匀。1min 后，加入 5.0mL 磷酸盐缓冲溶液和 5.0mL DPD 溶液；再向第二个 250mL 锥形瓶中加入 100mL 待测水和 2 滴次氯酸钠溶液。2min 后，加入 5.0mL 磷酸盐缓冲溶液和 5.0mL DPD 溶液。

第一个瓶中不显色，第二个瓶中应显粉红色。否则需将实验用水经活性炭柱处理使之脱氯，

并按上述步骤检验其质量，直至合格后方能使用。

（2）次氯酸钠溶液，$\rho(Cl_2)\approx 0.1g/L$：由次氯酸钠浓溶液稀释而成。

（3）硫酸溶液，$c(H_2SO_4)=1.0mol/L$：于 800mL 水中，在不断搅拌下小心加入 54.0mL 浓硫酸，冷却后将溶液移入 1000mL 容量瓶中，加水至标线，混匀。

（4）氢氧化钠溶液，$c(NaOH)=1.0mol/L$ 和 $2.0mol/L$。

（5）碘酸钾标准储备液，$\rho(KIO_3)=1.006g/L$：称取 1.006g 优级纯碘酸钾（预先在 120～140℃下烘干 2h），溶解于水中，移入 1000mL 容量瓶，定容，混匀。

（6）碘酸钾标准使用液Ⅰ，$\rho(KIO_3)=10.06mg/L$：吸取 10.00mL 碘酸钾标准储备液于 1000mL 棕色容量瓶中，加入约 1g 碘化钾，加水至标线，混匀。临用现配。1.00mL 标准使用液中含 10.06μg KIO_3，相当于 0.141 μmol（10.0 μg）Cl_2。

（7）碘酸钾标准使用液Ⅱ，$\rho(KIO_3)=1.006mg/L$：吸取 10.00mL 碘酸钾标准使用液Ⅰ于 100mL 棕色容量瓶中，加水至标线，混匀。临用现配。1.00mL 标准使用液中含 1.006μg KIO_3，相当于 0.014μmol（1.0μg）Cl_2。

（8）磷酸盐缓冲溶液，pH=6.5：称取 24.0g 无水磷酸氢二钠（Na_2HPO_4）及 46.0g 磷酸二氢钾（KH_2PO_4），依次溶于水中，加入 0.8g EDTA 二钠（$C_{10}H_{14}N_2O_8Na_2\cdot 2H_2O$）固体，转移至 1000mL 容量瓶中，加水至标线，混匀。必要时，可加入 0.020g 氯化汞以防止霉菌繁殖及试剂内痕量碘化物对游离氯检验的干扰。

（9）N,N-二乙基对苯二胺硫酸盐（DPD）溶液，$\rho[NH_2-C_6H_4-N(C_2H_5)_2\cdot H_2SO_4]=1.1g/L$：将 2.0mL 浓硫酸和 0.2g EDTA 二钠固体，加入 250mL 水中配制成混合溶液。将 1.1g 无水 DPD 硫酸盐或 1.5g 五水合物，加入上述混合溶液中，转移至 1000mL 棕色容量瓶中，加水至标线，混匀。溶液装在棕色试剂瓶内，4℃保存。若溶液长时间放置后变色，应重新配制。

（10）亚砷酸钠溶液或硫代乙酰胺溶液，$\rho(NaAsO_2)=2.0g/L$ 或 $\rho(CH_3CSNH_2)=2.5g/L$。

四、实验步骤

（一）样品的采集与保存

游离氯和总氯均不稳定，样品应尽量现场测定。如样品不能现场测定，则需对样品加入固定剂保存。可预先加入采样体积 1%的 NaOH 溶液（2.0mol/L）到棕色玻璃瓶中，采集水样使其充满采样瓶，立即加盖塞紧并密封，避免水样接触空气。若样品呈酸性，应加大 NaOH 溶液的加入量，确保水样 pH 值大于 12。水样用冷藏箱运送，在实验室内 4℃、避光条件下保存，5d 内测定。

（二）分析步骤

（1）高浓度样品校准曲线绘制。分别吸取 0.00mL、1.00mL、2.00mL、3.00mL、5.00mL、10.00mL 和 15.00mL 碘酸钾标准使用液Ⅰ于 100mL 容量瓶中，加适量（约 50mL）水。向各容量瓶中加入 1.0mL 硫酸溶液（1.0mol/L）。1min 后，向各容量瓶中加入 1mL NaOH 溶液（1.0mol/L），用水稀释至标线。各容量瓶中氯质量浓度 $\rho(Cl_2)$ 分别为 0.00mg/L、0.10mg/L、0.20mg/L、0.30mg/L、0.50mg/L、1.00mg/L 和 1.50mg/L。

在 250mL 锥形瓶中各加入 15.0mL 磷酸盐缓冲溶液和 5.0mL DPD 溶液，于 1min 内将上述标准系列溶液加入锥形瓶中，混匀后，于波长 515nm 处，用 10mm 比色皿测定各溶液的吸光度，于 60min 内完成比色分析。以零浓度校正吸光度值为纵坐标，以其对应的氯质量浓度 $\rho(Cl_2)$ 为横坐标，绘制校准曲线。

（2）低浓度样品校准曲线绘制。分别吸取 0.00mL、2.00mL、4.00mL、8.00mL、12.00mL、16.00mL 和 20.00mL 碘酸钾标准使用液Ⅱ于 100mL 容量瓶中，加适量（约 50mL）水，然后向各容量瓶中加入 1.0mL 硫酸溶液（1.0mol/L）。1min 后，向各容量瓶中加入 1mL NaOH 溶液（1.0mol/L），用水稀释至标线。各容量瓶中氯质量浓度 $\rho(Cl_2)$ 分别为 0.00mg/L、0.02mg/L、0.04mg/L、0.08mg/L、0.12mg/L、0.16mg/L 和 0.20mg/L。

在 250mL 锥形瓶中各加入 15.0mL 磷酸盐缓冲溶液和 1.0mL DPD 溶液，于 1min 内将上述标准系列溶液加入锥形瓶中，混匀后，于波长 515nm 处，用 50mm 比色皿测定各溶液的吸光度，于 60min 内完成比色分析。

以零浓度校正吸光度值为纵坐标，以其对应的氯质量浓度 $\rho(Cl_2)$ 为横坐标，绘制校准曲线。

（3）游离氯测定。于 250mL 锥形瓶中，依次加入 15.0mL 磷酸盐缓冲溶液、5.0mL DPD 溶液和 100mL 水（或稀释后的水样），在与绘制校准曲线相同条件下测定吸光度。用空白校正后的吸光度值计算质量浓度 ρ_1。

对于含有氧化锰和六价铬的试样可通过测定两者含量消除其干扰。取 100mL 试样于 250mL 锥形瓶中，加 1.0mL 亚砷酸钠溶液或硫代乙酰胺溶液，混匀。再加入 15.0mL 磷酸盐缓冲溶液和 5.0mL DPD 溶液，测定吸光度，记录质量浓度 ρ_2，相当于氧化锰和六价铬的干扰。若水样需稀释，应测定稀释后样品的氧化锰和六价铬干扰。

注意：进行低浓度样品游离氯测定时，应加入 1.0mL DPD 溶液，其他同上述测定步骤。

（4）空白实验。用不含氯和还原性物质的去离子水代替试样，同"（3）游离氯测定"过程进行测定，空白试样应与样品同批测定。

五、实验结果与数据处理

游离氯的质量浓度 $\rho(Cl_2)$ 按式（3-26）进行计算。

$$\rho(Cl_2) = (\rho_1 - \rho_2)f \tag{3-26}$$

式中　$\rho(Cl_2)$——水样中游离氯的质量浓度（以 Cl_2 计），mg/L；

　　　ρ_1——试样中游离氯的质量浓度（以 Cl_2 计），mg/L；

　　　ρ_2——测定氧化锰和六价铬干扰时相当于氯的质量浓度，若不存在氧化锰和六价铬，ρ_2 =0mg/L，mg/L；

　　　f——试样稀释比。

六、注意事项

（1）当样品在现场测定时，若样品过酸、过碱或盐浓度较高，应增加磷酸盐缓冲溶液的加入量，以确保试样的 pH 值在 6.2~6.5 之间。测定时，样品应避免强光、振摇和温热。

（2）若样品需运回实验室分析，对于酸性很强的水样，应增加固定剂 NaOH 溶液的加入量，使样品 pH＞12；若样品 NaOH 溶液加入体积大于样品体积的 1%，样品体积应进行校正；对于碱性很强的水样（pH＞12），则不需加入固定剂，测定时应增加磷酸盐缓冲溶液的加入量，使试样的 pH 值在 6.2~6.5 之间；对于加入固定剂的高盐样品，测定时也需调整磷酸盐缓冲溶液的加入量，使试样的 pH 值在 6.2~6.5 之间。

(3) 测定游离氯和总氯的玻璃器皿应分开使用，以防止交叉污染。

七、思考题

（1）测定水中游离氯时，样品应如何采集及运输以提高测试精度？
（2）测定水中游离氯时应注意哪些事项？

实验 15 流动注射-分光光度法测定水中氰化物

一、实验目的和要求

（1）掌握流动注射-分光光度法测定水中氰化物的原理及基本操作。
（2）了解水中氰化物的毒性及危害。

二、实验原理

（1）流动注射仪工作原理。在封闭的管路中，将一定体积的试样注入连续流动的载液中，试样与试剂在化学反应模块中按特定的顺序和比例混合、反应，在非完全反应的条件下，进入流动检测池进行光度检测。

（2）化学反应原理。异烟酸-巴比妥酸法，即在酸性条件下，样品经140℃高温高压水解及紫外消解，释放出的氰化氢气体被氢氧化钠溶液吸收。吸收液中的氰化物与氯胺 T 反应生成氯化氰，然后与异烟酸反应水解生成戊烯二醛，再与巴比妥酸作用生成蓝紫色化合物，于 600nm 波长处测量吸光度。具体工作流程见图 3-1。该方法检出限为 0.001mg/L，测定范围为 0.004～0.10mg/L。

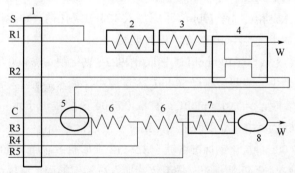

图 3-1 流动注射-分光光度法测定氰化物参考工作流程图

1—蠕动泵；2—加热池（140℃）；3—紫外消解装置；4—扩散池；5—注入阀；6—反应环；7—加热池（60℃）；8—检测池（10mm，600nm）；R1—磷酸溶液；R2—氢氧化钠溶液；R3—磷酸盐缓冲液；R4—氯胺-T 溶液；R5—吡啶-巴比妥酸溶液或异烟酸-巴比妥酸溶液；C—载液（氢氧化钠溶液）；S—试样；W—废液

三、仪器与试剂

（一）仪器与器皿

（1）流动注射仪：包括自动进样器、化学反应模块（预处理通道、注入泵、反应通道及流动检

测池，光程一般为10mm，通光管道孔径约1.5mm）、蠕动泵、数据处理系统。

（2）超声波仪：频率40kHz。

（3）塑料样品瓶，烧杯，100mL、1000mL容量瓶及其他一般常用玻璃器皿，且实验中的玻璃器皿使用前需在次氯酸钠溶液中浸泡1h，然后用水充分漂洗。

（4）天平：精度为0.1mg。

（二）试剂

实验所用试剂和水均需用氦气或超声除气，具体方法：使用140kPa的氦气通过氦导气管1min除气，或使用超声波振荡15~30min除气。

（1）磷酸：$\rho(H_3PO_4)$=1.69g/mL。

（2）磷酸溶液，$c(H_3PO_4)$=0.67mol/L：在700mL左右水中，缓慢加入45mL磷酸，用水稀释至1000mL，混匀。

（3）氢氧化钠溶液，ρ=20g/L：称取2.0g氢氧化钠溶于适量水中，溶解后加水定容至100mL，于塑料容器中保存。

（4）氢氧化钠溶液，c=0.025mol/L：称取1.0g氢氧化钠溶于适量水中，溶解后移至1000mL容量瓶中，加水至标线，混匀，移至塑料容器中保存。

（5）酒石酸溶液，ρ=150g/L：称取150g酒石酸溶于适量水中，用水稀释至1000mL，混匀。

（6）硝酸锌溶液，ρ=100g/L：称取100g硝酸锌溶于适量水中，用水稀释至1000mL，混匀。

（7）磷酸盐缓冲液，pH=4.24：称取95.0g无水磷酸二氢钾溶于800mL水中（磁力搅拌2h左右），溶解后加水定容至1L。若有沉淀形成，可过滤或弃去不用。该溶液可保存1个月。

（8）氯胺-T溶液Ⅰ，ρ=6g/L：称取3.0g氯胺-T溶于500mL水中，混匀。临用时现配（氯胺-T易氧化，开封后应尽量储存在干燥器中。此试剂开封六个月后，核查后再用）。

（9）氯胺-T溶液Ⅱ，ρ=2g/L：称取1.0g氯胺-T溶于500mL水中，混匀。临用时现配。

（10）异烟酸-巴比妥酸溶液：在700mL水中加入12g氢氧化钠，边搅拌边加入12g巴比妥酸和12g异烟酸，溶解后加水定容至1000mL。用时现配。

（11）氯化钠标准溶液，c=0.0100mol/L：称取0.2922g氯化钠（在600℃下干燥1h，干燥器内冷却，待用）溶于适量水中，溶解后移至500mL容量瓶中，加水定容至标线，混匀。

（12）硝酸银标准溶液，c=0.0100mol/L：称取0.850g硝酸银溶于水中，溶解后加水定容至500mL。该溶液储存于棕色瓶中，临用前用氯化钠标准溶液标定。

标定方法：量取10.00mL氯化钠标准溶液于150mL锥形瓶中，加入50mL水。向锥形瓶中加入3~5滴铬酸钾指示液，在不断旋摇下，从滴定管加入待标定的硝酸银标准溶液直至溶液由黄色变成浅砖红色为止，记录硝酸银标准溶液用量（V_1）。同时，用10.00mL水代替氯化钠标准溶液做空白实验。硝酸银标准溶液的浓度按式（3-27）计算。

$$c=\frac{c_1\times10.00}{V_1-V_0} \tag{3-27}$$

式中 c——硝酸银标准溶液的浓度，mol/L；

c_1——氯化钠标准溶液的浓度，mol/L；

V_1——滴定氯化钠标准溶液时，硝酸银标准溶液的用量，mL；

V_0——空白滴定时，硝酸银标准溶液的用量，mL。

（13）氰化物标准储备液，1000mg/L（以 CN^- 计）：称取 1.0g 氢氧化钾溶于 400mL 左右水中，再加入 1.252g 氰化钾，完全溶解后加水定容至 500mL，混匀。该溶液需每周进行标定。

氰化物标准储备液标定方法：量取 10.00mL 氰化物标准储备液于锥形瓶中，加入 50mL 水和 1mL 氢氧化钠溶液（20g/L），加入 0.2mL 试银灵指示液，用硝酸银标准溶液滴定，溶液由黄色刚好变为橙红色为止，记录硝酸银标准溶液用量（V_1）。同时，用 10mL 水代替氰化物标准储备液做空白实验，记录硝酸银标准溶液用量（V_0）。则氰化物标准储备液的浓度按式（3-28）计算。

$$\rho = \frac{c(V_1 - V_0) \times 52.04}{10.00} \times 10^6 \qquad (3-28)$$

式中　ρ——氰化物标准储备液的浓度，mg/L；

　　　c——硝酸银标准溶液浓度，mol/L；

　　　V_0——滴定空白溶液时，硝酸银标准溶液用量，mL；

　　　V_1——滴定氰化钾标准储备液时，硝酸银标准溶液用量，mL；

　　　52.04——氰离子（$2CN^-$）的摩尔质量，g/mol；

　　　10.00——氰化钾标准储备液的体积，mL。

（14）氰化物标准使用液，500μg/L（以 CN^- 计）：量取适量的氰化物标准储备液，用氢氧化钠溶液（0.025mol/L）逐级稀释制备。

（15）试银灵指示液：称取 0.02g 试银灵溶于 100mL 丙酮中。该溶液储存于棕色瓶中，暗处保存，可保存 1 个月。

（16）铬酸钾指示液：称取 10.0g 铬酸钾溶于少量水中，滴加几滴硝酸银溶液至产生橙红色沉淀为止，放置过夜后，过滤，用水稀释至 100mL。

（17）氮气：纯度≥99.99%。

（18）固体氢氧化钠，优级纯。

四、实验步骤

（一）样品制备

样品应采集在密闭的塑料样品瓶中。样品采集后，应立即加入氢氧化钠固定，一般每升水样加 0.5g 固体氢氧化钠。当水样酸度高时，应多加固体氢氧化钠，使样品的 pH 值至 12～12.5 之间。采集的样品应尽快测定。否则应将样品储存于 4℃以下，并在采样后 24h 内进行测定。有明显颗粒物的样品应用超声仪超声粉碎后进样。

（二）测试分析

（1）仪器的调试。按照仪器说明书安装分析系统、调试仪器及设定工作参数。按仪器规定的顺序开机后，以纯水代替所有试剂，检查整个分析流路的密闭性及液体流动的顺畅性。待基线稳定后（约 30min），系统开始泵入试剂，待基线再次稳定后，再进行操作。

（2）校准。

异烟酸-巴比妥酸法标准系列的制备：于一组容量瓶中分别量取适量的氰化物标准使用液，用氢氧化钠溶液（0.025mol/L）稀释至标线并混匀，制备 6 个浓度点的标准系列，氰化物质量浓度（以 CN^- 计）分别为：0.00μg/L、2.00μg/L、5.00μg/L、10.0μg/L、50.0μg/L、100.0μg/L。

校准曲线的绘制：量取适量标准系列溶液分别置于样品杯中，从低浓度到高浓度依次取样分析，得到不同浓度氰化物的信号值（峰面积）。以信号值（峰面积）为纵坐标，对应的氰化物质量浓度（以 CN⁻计，g/L）为横坐标，绘制校准曲线。

（3）样品测定。按照与绘制校准曲线相同的测定条件，量取适量待测样品进行测定，记录信号值（峰面积）。如果浓度高于标准曲线最高点，要对样品进行稀释。

（4）空白实验。用 10mL 水代替样品，按照与样品分析相同步骤进行测定，记录信号值（峰面积）。

五、实验结果与数据处理

样品中的氰化物浓度（以 CN⁻计，mg/L），按式（3-29）计算。

$$\rho = \frac{y-a}{b} f \times 10^{-3} \qquad (3-29)$$

式中　ρ——样品中氰化物的质量浓度，mg/L；
　　　y——测定信号值（峰面积）；
　　　a——校准曲线方法的截距；
　　　b——校准曲线方法的斜率；
　　　f——稀释倍数。

六、注意事项

（1）方法模块测定的是总氰化物，易释放氰化物预处理操作按照 HJ 484 中的规定进行后，吸收液再上机测定。

（2）应注意流动注射仪管路系统的保养，经常清洗管路；每次实验前都应检查泵管是否磨损，并及时更换已损坏的泵管。每次样品分析结束后，要让分离膜充分干燥。

（3）异烟酸-巴比妥酸试剂配制 3~5d 后将逐渐产生沉淀，沉淀进入管路会形成结晶堵塞管路，实验时应注意该试剂的状态，如沉淀过多，应及时更换。

（4）在废液收集瓶中，应加入氢氧化钠试使得 pH≥11（一般每升废液中加入约 7g 氢氧化钠），以防止气态 HCN 逸出。应定期摇动废液瓶，以防在瓶中形成浓度梯度。

（5）当样品浓度超过校准曲线最高点时，应做适当的稀释。分析两个高浓度样品间要加测空白样品，测定空白值不得超过方法检出限。否则应重新分析。

七、思考题

（1）为什么要设置空白实验？
（2）水中氰化物的测定过程中有哪些影响因素？

实验 16　离子选择电极法测定水中氟化物

一、实验目的和要求

（1）掌握离子选择电极法测定水中氟化物的原理及基本操作。

(2)熟悉离子选择电极的使用方法。

二、实验原理

当氟电极与含氟的试液接触时,电池的电动势 E 随溶液中氟离子活度变化而改变(遵守 Nernst 方程)。当溶液的总离子强度为定值且足够时服从关系式(3-30)。

$$E = E - \frac{2.303RT}{F} \lg c_{F^-}^* \qquad (3\text{-}30)$$

E 与 $\lg c_{F^-}^*$ 成直线关系,$\frac{2.303RT}{F}$ 为该直线的斜率,亦为电极的斜率。

根据 Nernst 方程,温度在 20~25℃之间时,氟离子浓度每改变 10 倍,电极电位变化(58±1) mV。本方法的最低检测限(以 F⁻计)为 0.05mg/L,测定上限可达 1900mg/L。

三、仪器与试剂

(一)仪器与器皿

(1)氟离子选择电极、饱和甘汞电极或氯化银电极。

(2)离子活度计、毫伏计或 pH 计:精确到 0.1mV。

(3)磁力搅拌器:具备覆盖聚乙烯或者聚四氟乙烯等的搅拌棒。

(4)氟化物水蒸气蒸馏装置(图 3-2),聚乙烯采样瓶,50mL、100mL、1000mL 容量瓶及其他一般实验室常用仪器与器皿。

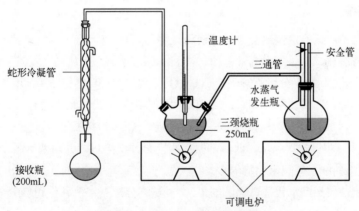

图 3-2 氟化物水蒸气蒸馏装置

(二)试剂

(1)盐酸(HCl),2mol/L。

(2)硫酸(H_2SO_4),ρ=1.84g/mL。

(3)总离子强度调节缓冲溶液(TISAB):量取约 500mL 水于 1L 烧杯内,加入 57mL 冰醋酸、58g 氯化钠和 4.0g 环己二胺四乙酸(CDTA)搅拌溶解。置烧杯于冷水浴中,慢慢地在不断搅拌下加入 6mol/L NaOH(约 125mL)使 pH 值达到 5.0~5.5 之间,转入 1000mL 容量瓶中,稀释至标线,摇匀。

(4)氟化物标准储备液:称取 0.2210g 基准氟化钠(NaF,预先于 105~110℃ 干燥 2h,干燥器内冷却），转入1000mL容量瓶中，稀释至标线，摇匀。储存在聚乙烯瓶中，此溶液每毫升含氟100μg。

（5）氟化物标准溶液：吸取氟化钠标准储备液10.00mL，注入100mL容量瓶中，稀释至标线，摇匀。此溶液每毫升含氟10.0μg。

（6）乙酸钠溶液（CH_3COONa）：称取15g乙酸钠溶于水，并稀释至100mL。

（7）高氯酸溶液（$HClO_4$）：70%～72%。

四、实验步骤

（一）样品采集与制备

（1）试样采集。实验室样品应该用聚乙烯瓶采集和储存。如果水样中氟化物含量不高，pH值在7以上，也可以用硬质玻璃瓶存放。采样时应先用水样冲洗取样瓶3～4次。

（2）样品准备。如果试样成分不太复杂，可直接取出试样。如果含有氟硼酸盐或者污染严重，则应先进行蒸馏。

在沸点较高的酸溶液中，氟化物可形成易挥发的氢氟酸和氟硅酸，通过蒸馏可与干扰组分进行分离。具体操作步骤如下：准确取适量（25.00mL）水样，置于蒸馏瓶中，并在不断摇动下缓慢加入15mL高氯酸，按图3-2连接好装置，加热，待蒸馏瓶内溶液温度约130℃时，开始通入蒸汽，并维持温度在（140±5）℃，控制蒸馏速度约5～6mL/min，待接收瓶馏出液体积约150mL时，停止蒸馏，并用水稀释至200mL，待测定。

（二）分析步骤

（1）仪器的准备，按测定仪器及电极的使用说明书进行。

（2）在测定前应使试样达到室温，并使试样和标准溶液的温度相同（温差不得超过±1℃）。

（3）试样分析测定。用无分度吸管吸取适量试样，置于50mL容量瓶中，用乙酸钠或盐酸调节至近中性，加入10mL总离子强度调节缓冲溶液（TISAB），用水稀释至标线，摇匀，将其注入100mL聚乙烯杯中，放入一支塑料搅拌棒，插入电极，连续搅拌溶液，待电位稳定后，在继续搅拌时读取电位值E_x。在每一次测量之前，都要用水充分冲洗电极，并用滤纸吸干。根据测得的电压（mV），由校准曲线上查找氟化物的含量。

（4）空白实验。用蒸馏水代替试样，同"（3）试样分析测定"条件和步骤进行空白实验。

（三）校准

用无分度吸管分别吸取1.00mL、3.00mL、5.00mL、10.0mL和20.0mL氟化物标准溶液，置于50mL容量瓶中，加入10mL总离子强度调节缓冲溶液（TISAB），用水稀释至标线，摇匀，分别注入100mL聚乙烯杯中，各放入一支塑料搅拌棒，以浓度由低到高为顺序，分别依次插入电极，连续搅拌溶液，待电位稳定后，在继续搅拌时读取电位值E。在每一次测量之前，都要用水冲洗电极，并用滤纸吸干。在半对数坐标纸上绘制E(mV)-$\lg c_{F^-}$ (mg/L)校准曲线，浓度标示在对数分格上，最低浓度标示在横坐标的起点线上。

五、实验结果与数据处理

结果的计算如式（3-31）：

$$\rho_x = \frac{\rho_s \left(\dfrac{V_s}{V_x + V_s}\right)}{10^{(E_2-E_1)/S} - \left(\dfrac{V_x}{V_x + V_s}\right)} \tag{3-31}$$

如以 $Q(\Delta E)$ 表示 $\left(\dfrac{V_s}{V_x + V_s}\right) \Big/ \left[10^{\Delta E/S} - \dfrac{V_x}{V_x + V_s}\right]$，则得式（3-32）：

$$\rho_x = \rho_s Q(\Delta E) \tag{3-32}$$

式中　ρ_x——待测试样的浓度，mg/L；

ρ_s——加入标准溶液的浓度，mg/L；

V_s——加入标准溶液的体积，mL；

V_x——测定时所取试样的体积，mL；

E_1——测得试样的电位值，mV；

E_2——试样加入标准溶液后测得的电位值，mV；

S——电极的实测斜率；

ΔE——$E_2 - E_1$。

六、注意事项

（1）本方法测定的是游离的氟离子浓度，某些高价阳离子（例如三价铁、铝和四价硅）及氢离子能与氟离子络合而有干扰，所产生的干扰程度取决于络合离子的种类和浓度、氟化物的浓度及溶液的 pH 值等。其他一般常见的阴、阳离子均不干扰测定。通常，加入总离子强度调节剂以保持溶液中总离子强度，并络合干扰离子，保持溶液适当的 pH 值，就可以直接进行测定。

（2）电极使用后应用水充分冲洗干净，并用滤纸吸去水分，放在空气中，或者放在稀的氟化物标准溶液中，如果短时间不再使用，应洗净，吸去水分，套上保护电极敏感部位的保护帽，电极使用前应充分冲洗，并去掉水分。

七、思考题

（1）电极使用过程中应有哪些注意事项？

（2）水中氟化物测定过程中有哪些影响因素？

实验 17　亚甲基蓝分光光度法测定水中的硫化物

一、实验目的和要求

（1）掌握亚甲基蓝分光光度法测定水中硫化物的原理及基本操作。

（2）熟悉分光光度计的使用方法。

二、实验原理

样品中的硫化物经酸化、加热氮吹或蒸馏后，产生的硫化氢用氢氧化钠溶液吸收，生成的硫离子在硫酸铁铵酸性溶液中与 N,N-二甲基对苯二胺反应，生成亚甲基蓝，于 665nm 波长处测定其吸光度，硫化物含量与吸光度值成正比。

三、仪器与试剂

（一）仪器与器皿

（1）样品瓶：200mL，棕色具塞磨口玻璃瓶。

（2）分光光度计：具 10mm 光程比色皿。

（3）酸化-吹气-吸收装置：见图 3-3（a）。

（4）酸化-蒸馏-吸收装置：见图 3-3（b）。

（5）吸收管：100mL 具塞比色管及其他一般实验室常用仪器与器皿。

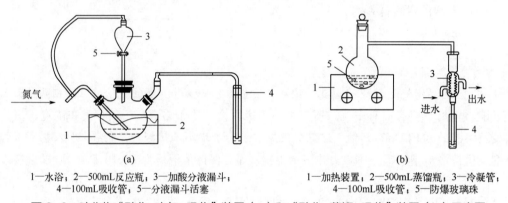

(a) 1—水浴；2—500mL 反应瓶；3—加酸分液漏斗；4—100mL 吸收管；5—分液漏斗活塞

(b) 1—加热装置；2—500mL 蒸馏瓶；3—冷凝管；4—100mL 吸收管；5—防爆玻璃珠

图 3-3 硫化物"酸化-吹气-吸收"装置（a）和"酸化-蒸馏-吸收"装置（b）示意图

（二）试剂

（1）除氧去离子水：将蒸馏水通过离子交换柱制得去离子水，通入氮气至饱和（以 200～300mL/min 的速度通氮气约 20min），以除去水中溶解氧。制得的除氧去离子水应立即密封，并存放于玻璃瓶内。临用现制。

（2）氮气：纯度＞99.99%。

（3）盐酸溶液（体积比为 1：1）。

（4）乙酸锌溶液：称取 220g 乙酸锌（$ZnAc_2 \cdot 2H_2O$）溶于 1000mL 水中，若混浊需过滤后使用。

（5）氢氧化钠溶液（10g/L）：称取 10.0g 氢氧化钠（NaOH）溶于 1000mL 水中，摇匀。

（6）抗氧化剂溶液：称取 4.0g 抗坏血酸、0.2g 乙二胺四乙酸二钠（EDTA）和 0.6g 氢氧化钠（NaOH）溶于 100mL 水中，摇匀并储存于棕色瓶内。本溶液应在使用当天配制。

（7）N,N-二甲基对苯二胺（对氨基二甲基苯胺）溶液：称取 2.0g N,N-二甲基对苯二胺盐酸盐 [$NH_2C_6H_4N(CH_3)_2 \cdot 2HCl$] 溶于 700mL 水中，缓缓加入 200mL 浓硫酸，冷却后用水稀释至 1000mL，摇匀。此溶液室温下储存于密闭的棕色瓶内，可稳定三个月。

（8）硫酸铁铵溶液：称取 25.0g 硫酸铁铵［$Fe(NH_4)(SO_4)_2·12H_2O$］溶于 100mL 水中，缓慢加入 5.0mL 浓硫酸，冷却后用水稀释至 250mL，摇匀。溶液如出现不溶物，应过滤后使用。

（9）硫化物标准溶液：可购买市售有证标准物质，也可自行配制，需参考《水质　硫化物的测定　亚甲基蓝分光光度法》（HJ 1226—2021）附录 A 中的方法进行标定。

（10）硫化物标准使用液［$\rho(S^{2-})$=10.00mg/L］：将一定量硫化物标准溶液移入到已加入 2.0mL 氢氧化钠溶液和适量除氧去离子水的 100mL 棕色容量瓶中，用除氧去离子水定容，配制成含硫离子浓度为 10.00mg/L 的硫化物标准使用液。临用现制。

四、实验步骤

（一）样品采集与保存

采样时，采样瓶中先加入乙酸锌溶液，再加水样近满瓶，然后依次加入氢氧化钠溶液和抗氧化剂溶液，加塞后不留液上空间。通常每升水样加入 2mL 乙酸锌溶液、1mL 氢氧化钠溶液和 2mL 抗氧化剂溶液。硫化物含量较高时应继续滴加乙酸锌溶液直至沉淀完全。固定后样品于 4d 内测定。

在采样现场用实验用水代替水样，以同样步骤加入乙酸锌溶液、氢氧化钠溶液和抗氧化剂溶液后，作为全程序空白样品带回实验室。

注 1：当测定可溶性硫化物时，样品应经 0.45 μm 滤膜过滤后固定。

注 2：可以采集多个平行样品用于高浓度样品稀释、现场平行样和样品基体加标。

（二）试样的制备

（1）"酸化-吹气-吸收"法

量取 200mL 混匀的水样，或适量样品加除氧去离子水稀释至 200mL，迅速转移至 500mL 反应瓶中，再加入 5mL 抗氧化剂溶液，轻轻摇动。量取 20.0mL 氢氧化钠溶液于 100mL 吸收管中作为吸收液，插入导气管至吸收液液面以下，以保证吸收完全。连接好装置，开启水浴装置使温度升至 60~70℃。接通氮气，调整流量至 300mL/min，5min 后，关闭气源。关闭加酸分液漏斗活塞，打开分液漏斗顶盖加入 10mL 盐酸溶液后盖紧，缓慢旋开活塞，接通氮气，将反应瓶放入水浴装置中。维持氮气流量为 300mL/min，连续吹气 30min，撤下反应瓶，断开导气管，关闭气源。用少量除氧去离子水冲洗导气管，并入吸收液中，加除氧去离子水至约 60mL，待测。

（2）"酸化-蒸馏-吸收"法

量取 200mL 混匀的水样，或适量样品加除氧去离子水稀释至 200mL，迅速转移至 500mL 蒸馏瓶中，再加入 5mL 抗氧化剂溶液，轻轻摇动，加数粒玻璃珠。量取 20.0mL 氢氧化钠溶液于 100mL 吸收管中作为吸收液，插入馏出液导管至吸收液液面以下，以保证吸收完全。打开冷凝水，向蒸馏瓶中迅速加入 10mL 盐酸溶液，立即盖紧塞子，打开温控电炉，调节到适当的加热温度，以 2~4mL/min 的馏出速度蒸馏。当吸收管中的溶液体积达到约 60mL 时，撤下蒸馏瓶，取下吸收管，停止蒸馏。用少量除氧去离子水冲洗馏出液导管，并入吸收液中，待测。

（三）空白试样的制备

用实验用水代替实际样品，按照与"（二）试样的制备"相同的步骤进行实验室空白样的制备。

（四）标准曲线的绘制

取 6 支吸收管，各加入 20mL 氢氧化钠吸收液，分别量取 0.00mL、0.50mL、1.00mL、2.00mL、

4.00mL、7.00mL 硫化物标准使用溶液移入吸收管，加除氧去离子水至约 60mL，沿吸收管壁缓慢加入 10mL N,N-二甲基对苯二胺溶液，立即盖塞并缓慢倒转一次。拔塞，沿吸收管壁缓慢加入 1mL 硫酸铁铵溶液，立即盖塞并充分摇匀。放置 10min 后，用除氧去离子水定容至标线，摇匀。使用 10mm 光程比色皿，以除氧去离子水作参比，在波长 665nm 处测量吸光度。以硫化物的含量（μg）为横坐标，以扣除零浓度点后的吸光度值为纵坐标，建立标准曲线。

（五）样品测定

按照"（四）标准曲线的绘制"相同步骤测定试样的吸光度。

五、实验结果与数据处理

硫化物的含量 $\rho(S^{2-})$ 按式（3-33）计算：

$$\rho(S^{2-})=\frac{A-A_0-a}{bV} \tag{3-33}$$

式中 $\rho(S^{2-})$ ——样品中硫化物的浓度，mg/L；

A ——试样的吸光度；

A_0 ——空白试样的吸光度；

a ——标准曲线的截距；

b ——标准曲线的斜率，μg^{-1}；

V ——试样的体积，mL。

六、思考题

（1）测定水中硫化物时，不同水样如何做空白实验？

（2）测定水中硫化物时，哪些离子会产生干扰？应如何控制？

第五节　生物及急性毒性的测定

实验18　多管发酵法测定水中粪大肠菌群

一、实验目的和要求

（1）了解测定水中粪大肠菌群的方法和意义。

（2）掌握多管发酵法测定水中粪大肠菌群的原理及基本操作。

二、实验原理

将样品加入含乳糖蛋白胨培养基的试管中，37℃初发酵富集培养，大肠菌群在培养基中生长繁殖分解乳糖产酸产气，产生的酸使溴甲酚紫指示剂由紫色变为黄色，产生的气体进入倒管中，指示产气。44.5℃复发酵培养，培养基中的胆盐三号可抑制革兰氏阳性菌的生长，最后产气的细菌确定为粪大肠菌群。通过查 MPN 表，得出粪大肠菌群浓度值。

三、仪器与试剂

（一）仪器与器皿

（1）采样瓶：500mL 带螺旋帽或磨口塞的广口玻璃瓶。

（2）高压蒸汽灭菌器：115℃、121℃可调。

（3）恒温培养箱或水浴锅：允许温度偏差（37.0±0.5）℃、（44.0±0.5）℃。

（4）pH 计：准确到 0.1pH 单位。

（5）采样瓶，100mL、1000mL 容量瓶，有玻璃倒管的试管，锥形瓶，直径 3mm 接种环等，玻璃器皿及采样器具实验前要按无菌操作要求包扎，121℃高压蒸汽灭菌 20min 备用。

（二）试剂

（1）乳糖蛋白胨培养基：将蛋白胨 10g、牛肉浸膏 3g、乳糖 5g、氯化钠 5g 加热溶解于 1000mL 水中，调节 pH 值至 7.2~7.4，再加入 1.6%溴甲酚紫乙醇溶液 1mL，充分混匀，分装于含有倒置小玻璃管的试管中，115℃高压蒸汽灭菌 20min，储存于冷暗处备用。也可选用市售成品培养基。

（2）三倍乳糖蛋白胨培养基：称取三倍的乳糖蛋白胨培养基成分的量，溶于 1000mL 水中，配成三倍乳糖蛋白胨培养基，配制方法同上。

（3）EC 培养基：将胰胨 20g，乳糖 5g，胆盐三号 1.5g，磷酸氢二钾 4g，磷酸二氢钾 1.5g 和氯化钠 5g 加热溶解于 1000mL 水中，然后分装于有玻璃倒管的试管中，115℃高压蒸汽灭菌 20min，灭菌后 pH 值应在 6.9 左右。

注意：配制好的培养基避光、干燥保存，必要时在（5±3）℃冰箱中保存，通常瓶装及试管装培养基不超过 3~6 个月。配制好的培养基要避免杂菌侵入和水分蒸发，当培养基颜色变化，或体积变化明显时废弃不用。

（4）无菌水：取适量实验用水，经 121℃高压蒸汽灭菌 20min，备用。

（5）硫代硫酸钠溶液，$\rho(Na_2S_2O_3·5H_2O)=0.10g/mL$：称取 15.7g 硫代硫酸钠，溶于适量水中，定容至 100mL，临用现配。

（6）乙二胺四乙酸二钠溶液，$\rho(C_{10}H_{14}N_2O_8Na_2·2H_2O)=0.15g/mL$：称取 15g 乙二胺四乙酸二钠，溶于适量水中，定容至 100mL，此溶液可保存 30d。

四、实验步骤

（一）样品采集

采集微生物样品时，采样瓶不得用样品洗涤，采集样品于灭菌的采样瓶中。清洁水体的采样量不低于 400mL，其余水体采样量不低于 100mL。

采集河流、湖库等地表水样品时，可握住瓶子下部直接将带塞采样瓶插入水中，约距水面 10~15cm 处，瓶口朝水流方向，拔瓶塞，使样品灌入瓶内然后盖上瓶塞，将采样瓶从水中取出。如果没有水流，可握住瓶子水平往前推。采样量一般为采样瓶容量的 80%左右。样品采集完毕后，迅速扎上无菌包装纸。采集地表水、废水样品及一定深度的样品时，也可使用灭菌过的专用采样装置采样。

在同一采样点进行分层采样时，应自上而下进行，以免不同层次的搅扰。

如果采集的是含有活性氯的样品，需在采样瓶灭菌前加入硫代硫酸钠溶液，以除去活性氯，其对细菌有抑制作用（每125mL容积加入0.1mL的硫代硫酸钠溶液）；如果采集的是重金属离子含量较高的样品，则在采样瓶灭菌前加入乙二胺四乙酸二钠溶液，以消除干扰（每125mL容积加入0.3mL的乙二胺四乙酸二钠溶液）。

注意：15.7mg硫代硫酸钠可去除样品中1.5mg活性氯，硫代硫酸钠用量可根据样品实际活性氯量调整。

（二）样品保存

采样后应在2h内检测，否则，应10℃以下冷藏但不得超过6h。实验室收到样品后，不能立即开展检测的，需将样品于4℃以下冷藏并在2h内检测。

（三）样品稀释及接种

将样品充分混匀后，在5支装有已灭菌的5mL三倍乳糖蛋白胨培养基的试管中（内有倒管），按无菌操作要求各加入样品10mL，在5支装有已灭菌的10mL单倍乳糖蛋白胨培养基的试管中（内有倒管），按无菌操作要求各加入样品1mL，在5支装有已灭菌的10mL单倍乳糖蛋白胨培养基的试管中（内有倒管），按无菌操作要求各加入样品0.1mL。

对于污染较严重的样品，先将样品稀释后再按照上述操作接种，以生活污水为例，先将样品稀释10倍，然后按上述操作步骤分别接种10mL、1mL和0.1mL。管法样品接种量参考表见表3-4。

表3-4 管法样品接种量参考表

样品类型		接种量/mL						
		10	1	0.1	10^{-2}	10^{-3}	10^{-4}	10^{-5}
地表水	水源水	▲	▲	▲				
	湖泊（水库）	▲	▲	▲				
	河流		▲	▲	▲			
废水	生活污水					▲	▲	▲
	工业废水 处理前					▲	▲	▲
	工业废水 处理后	▲	▲	▲				
地下水		▲	▲	▲				

注：当样品接种量小于1mL时，应将样品制成稀释样品后使用。按无菌操作要求吸取10mL充分混匀的样品，注入盛有90mL无菌水的锥形瓶中，混匀成1:10稀释样品。吸取1:10的稀释样品10mL注入盛有90mL无菌水的锥形瓶中，混匀成1:100稀释样品。其他接种量的稀释样品以此类推。吸取不同浓度的稀释液时，每次必须更换移液管。

（四）发酵实验

（1）初发酵实验。将接种后的试管，在（37.0±0.5）℃下培养（24±2）h。

发酵试管颜色变黄为产酸，小玻璃倒管内有气泡为产气。产酸和产气的试管表明实验阳性。如在倒管内产气不明显，可轻拍试管，有小气泡升起的为阳性。

(2) 复发酵实验。轻微振荡在初发酵实验中显示为阳性或疑似阳性（只产酸未产气）的试管，用经火焰灼烧灭菌并冷却后的接种环将培养物分别转接到装有 EC 培养基的试管中。在（44.5±0.5）℃下培养（24±2）h。转接后所有试管必须在 30min 内放进恒温培养箱或水浴锅中。培养后立即观察，倒管中产气证实为粪大肠菌群阳性。

（五）对照实验

(1) 空白对照。每次实验都要用无菌水按照上述步骤进行实验室空白测定。

(2) 阳性及阴性对照。将粪大肠菌群的阳性菌株（如大肠埃希菌 *Escherichia coli*）和阴性菌株（如产气肠杆菌 *Enterobacter aerogenes*）制成浓度为 300～3000 MPN/L 的菌悬液，分别取相应体积的菌悬液按接种的要求接种于试管中，然后按初发酵实验和复发酵实验要求培养，阳性菌株应呈现阳性反应，阴性菌株应呈现阴性反应，否则，该次样品测定结果无效，应查明原因后重新测定。

五、实验结果与数据处理

(1) 结果计算。接种 15 份样品时，可查表求得 MPN 值，再按式（3-34）换算样品中粪大肠菌群数（MPN/L）：

$$C = \frac{\text{MPN} \times 100}{f} \tag{3-34}$$

式中　　C——样品中粪大肠菌群数，MPN/L；

　　MPN——每 100mL 样品中粪大肠菌群数，MPN/100mL；

　　100——为 10×10mL，其中，10 将 MPN 的单位 MPN/100mL 转换为 MPN/L，10mL 为 MPN 表中最大接种量；

　　f——实际样品最大接种量，mL。

(2) 结果表示。测定结果保留至整数位，最多保留两位有效数字，当测定结果≥100 MPN/L 时，以科学记数法表示；当测定结果低于检出限时，以"未检出"或"<20 MPN/L"表示。

六、注意事项

(1) 培养基检验，更换不同批次培养基时要进行阳性和阴性菌株检验，将粪大肠菌群的阳性菌株和阴性菌株制成浓度为 300～3000MPN/L 的菌悬液。若使用的是定性标准菌株，配制方法为先进行预实验，摸清浓度后按目标为 300～3000MPN/L 稀释；若使用的是定量标准菌株，则可按照给定值直接稀释。稀释后分别取相应水量的菌悬液按接种的要求接种于试管中，然后按初发酵实验和复发酵实验要求培养，阳性菌株应呈现阳性反应，阴性菌株应呈现阴性反应。

(2) 每次实验都要用无菌水做实验室空白测定，培养后的试管中不得有任何变色反应。否则，该次样品测定结果无效，应查明原因后重新测定。

(3) 定期进行阳性及阴性对照实验，阳性菌株应呈现阳性反应，阴性菌株应呈现阴性反应，否则，该次样品测定结果无效，应查明原因后重新测定。

(4) 使用后的废物及器皿须经 121℃高压蒸汽灭菌 30min 或使用液体消毒剂（自制或市售）灭菌。灭菌后，器皿方可清洗，废物作为一般废物处置。

七、思考题

(1) 简述粪大肠菌群测定在水质监测中的意义。

（2）实验过程中需要注意哪些影响因素？

实验 19　水质——物质对蚤类（大型蚤）急性毒性的测定

一、实验目的和要求

（1）了解水中物质对蚤类（大型蚤）急性毒性的测定意义。
（2）掌握通过蚤类（大型蚤）测定急性毒性的原理和方法。

二、实验原理

采用大型蚤 *Daphnia magna* Straus［甲壳纲，枝角亚目（Crustacea，Cladocera）］为实验生物，测定物质或废水中的半数抑制浓度、半数致死浓度（24h-EC_{50}、24h-LC_{50} 或 48h-EC_{50}、48h-LC_{50}），以判断物质或废水的毒性程度。

24h-EC_{50}、48h-EC_{50} 是指 24h、48h 内 50%的受试蚤运动受抑制时被测物的浓度。运动受抑制是当反复转动实验容器，15s 之内失去活动能力的大型蚤，被认为运动受抑制。即使其触角仍能活动，也应算作不活动的个体。

24h-LC_{50}、48h-LC_{50} 是指在 24h、48h 内 50%的受试蚤死亡时被测物的浓度，以受试蚤心脏停止跳动为其死亡标志。

三、仪器与试剂

（一）仪器与器皿

（1）试验容器可采用 100mL 小烧杯或结晶皿等玻璃制品，加盖表面皿。为防止玻璃容器对实验物质的吸附，实验前可用低浓度实验溶液浸泡 1d。实验结束后立即倒空容器，刷洗、消除任何微量的实验液。
（2）量筒、容量瓶、移液管、吸管、玻璃缸、尼龙筛网等器皿。
（3）溶解氧测定仪、pH 计、温度计、电导仪。

（二）试剂

（1）实验生物：实验生物为大型蚤。实验过程中保持良好的培养条件，使大型蚤的繁殖被约束在孤雌生殖的状态下。选用实验室条件下培养 3 代以上的、出生 6~24h 的幼蚤为实验蚤。实验蚤应是同一母体的后代。

（2）实验用水：配制人工稀释水为实验用水。新配制的标准稀释水 pH 值为 7.8±0.2，硬度（250±25）mg/L（以 $CaCO_3$ 计），Ca/Mg 接近 4∶1，溶解氧浓度在空气饱和值的 80%以上，并不含有任何对大型蚤有毒的物质。

人工稀释水用电导率 10 μS/cm(1mS/m)以下的蒸馏水或去离子水（以下简称水）按下述方法配制。分别取氯化钙溶液（$CaCl_2 \cdot 2H_2O$，11.76g/L）、硫酸镁溶液（$MgSO_4 \cdot 7H_2O$，4.93g/L）、碳酸氢钠溶液（$NaHCO_3$，2.59g/L）和氯化钾溶液（KCl，0.25g/L）各 25mL 混合，稀释至 1L。用氢氧化钠溶液或盐酸溶液调节 pH 值，使其稳定在 7.8±0.2。标准稀释水应容许大型蚤在其中生存至少 48h，并尽可能检查稀释水中不含有任何已知的对大型蚤有毒的物质。

(3) 重铬酸钾（$K_2Cr_2O_7$），分析纯。

四、实验步骤

(一) 预实验

正式实验之前，为确定实验浓度范围，必须先进行预备实验。预备实验浓度间距可宽一些（如 0.1mg/L、1mg/L、10mg/L），每个浓度至少放 5 个幼蚤，通过预实验找出被测物使 100%大型蚤运动受抑制的浓度和最大耐受浓度的范围，然后在此范围内设计出正式实验各组的浓度。

预实验中应了解毒物的稳定性，在标准稀释水中是否会出现沉淀、pH 等理化性质的改变，以便确定正式实验是否需要采取流水或更换实验液及改变稀释水 pH 等措施。

(二) 正式实验

(1) 实验浓度的设计，根据预实验的结果确定正式实验的浓度范围，按几何级数的浓度系列（等比级数间距）设计 5~7 个浓度（如 1、2、4、8、16 等比级数为 2；又如 1、1.8、3.2、5.6、10 等比级数为 1.778）。实验浓度要设计合理，浓度系列中以能出现一个 60%左右和 40%左右大型蚤运动受抑制或死亡的浓度最为理想。

(2) 实验用 100mL 烧杯（或结晶皿），装 40~50mL 实验液；置蚤 10 个。每个浓度至少有 2~3 个平行。一组实验液设一空白对照，内装相等体积的稀释水。实验前要用化学方法测定实验液的初始浓度。

(3) 实验开始后应于 1h、2h、4h、8h、16h 及 24h 定期进行观察，记录每个容器中仍能活动的水蚤数，测定 0%~100%大型蚤不活动或死亡的浓度范围，并记录它们任何不正常的行为。在计算实验蚤的不活动或死亡的百分数之后，立即测定实验液的溶解氧浓度。

(4) 检查大型蚤的敏感性及实验操作步骤的统一性，定期测定重铬酸钾的 24h-EC_{50}，目的是验证大型蚤的敏感性。在实验报告中报告 24h-EC_{50}。重铬酸钾的 24h-EC_{50} 为 0.5~1.2mg/L（20℃条件下）。

按照上述的步骤进行验证检查，如果重铬酸钾的 24h-EC_{50} 在 0.5~1.2mg/L 范围以外，则应检查实验步骤是否严格，并检查大型蚤的培养方式。如有必要，使用新的符合敏感要求的大型蚤品种。

五、实验结果与数据处理

(1) $EC_{50}(LC_{50})$ 的估算。实验结束，计算每个浓度中不活动的大型蚤或死亡蚤占实验总数的百分比，用概率单位目测法，计算 $EC_{50}(LC_{50})$。

(2) 结果的表示。以 24h-EC_{50} 或 48h-EC_{50} 表示物质在相应时间内对大型蚤运动受抑制的影响。以 24h-LC_{50} 或 48h-LC_{50} 表示物质在相应时间内对大型蚤生存的影响。当浓度间距过近仍不能获得足够数据时，可采用使 100%大型蚤活动受抑制或心脏停止跳动的最低浓度和使 0%大型蚤活动受抑制或心脏停止跳动的最高浓度来表示毒性影响的结果。

检测排水时，以百分数或 mL/L 表示。

检测化学物质时，以 mg/L 表示。

六、注意事项

(1) 实验温度要求基本稳定，变化不超过±1℃。实验前的培养温度要求与实验温度基本一致。

毒性试验在（20±1）℃或（25±1）℃下进行。

(2) 实验在没有对大型蚤有害的气体、粉尘的大气条件下进行。

(3) 实验在自然光照或相当于自然光照下进行（避免阳光直射），每天光照10h左右。

(4) 大型蚤在实验前应在与实验条件一致的环境中驯养7～10d。

(5) 实验操作及实验过程中蚤类不能离开水，转移时要用玻璃滴管。

七、思考题

(1) 为什么重铬酸钾的24h-EC_{50}要求在0.5～1.2mg/L范围内？

(2) 实验过程中需要注意哪些影响因素？

实验20 发光细菌法测定水质的急性毒性

一、实验目的和要求

(1) 了解测定水环境急性毒性的方法和意义。

(2) 掌握发光细菌法测定急性毒性的原理及基本操作。

二、实验原理

基于发光细菌相对发光度与水样毒性组分总浓度呈显著负相关（$P \leqslant 0.05$），通过生物发光光度计测定水样的相对发光度，以此表示其急性毒性水平。水质急性毒性水平按所述条件选用相当的参比毒物氯化汞浓度（以mg/L为单位）来表征，或选用EC_{50}值（半数有效浓度，以样品液百分浓度为单位）来表征。

三、仪器与试剂

（一）仪器与器皿

(1) 生物发光光度计：当氯化汞标准溶液浓度为0.10mg/L时，发光细菌的相对发光度为50%，其误差不超过±10%。

(2) 2mL、5mL测试样品管，10μL微量注射器，1mL注射器，5mL定量加液瓶，2mL、10mL、25mL吸管，100mL、500mL量筒，50mL、250mL、1000mL棕色容量瓶，10mL半微量滴定管（配磨口试液瓶，全套仪器均为棕色）及其他一般实验室常用玻璃器皿。

（二）试剂

(1) 明亮发光杆菌T_3小种（*Photobacterium phosphoreum* T_3 spp）冻干粉，安瓿瓶包装，每瓶0.5g，在2～5℃冰箱内有效保存期为6个月。新制备的发光细菌休眠细胞（冻干粉）密度不低于每克800万个细胞；当按有关步骤将冻干粉复苏2min后即发光（可在暗室内检验，肉眼应见微光），稀释成工作液后每毫升菌液不低于1.6万个细胞（5mL测试管）或2万个细胞（2mL测试管）（均为稀释平板法测定）。在毒性测试仪上测出的初始发光量应在600～1900mV之间，低于600mV允许将倍率调至"×2"挡，高于1900mV允许将倍率调至"×0.5"挡。仍达不到标准者，更换冻干粉。

（2）氯化钠溶液，30g/L。

（3）氯化汞标准储备液，ρ=2000mg/L。

（4）氯化汞标准工作液，ρ=2mg/L：用移液管移取氯化汞标准储备液 10mL 于 1000mL 容量瓶中，用 30g/L 氯化钠溶液稀释至标线，摇匀。再用移液管移取 20mg/L 氯化汞溶液 25mL 于 250mL 容量瓶中，用 30g/L 氯化钠溶液稀释至标线，摇匀。将此液倒入配有半微量滴定管的试液瓶，用 30g/L 氯化钠溶液将 2mg/L 氯化汞溶液按表 3-5 稀释成系列浓度（一律采用 50mL 容量瓶）。这些氯化汞稀释液保存期不超过 24h，超过者务必重配。氯化汞标准系列溶液的配制见表 3-5。

表 3-5　氯化汞标准系列溶液的配制

2mg/L 氯化汞溶液添加量/mL	0.5	1.0	1.5	2.0	2.5	3.0	3.5	4.0	4.5	5.0	5.5	6.0
稀释定容后氯化汞浓度/（mg/L）	0.02	0.04	0.06	0.08	0.10	0.12	0.14	0.16	0.18	0.20	0.22	0.24

四、实验步骤

（一）样品的采集和保存

采样瓶使用带有聚四氟乙烯衬垫的玻璃瓶，务必清洁、干燥。采集水样时，瓶内应充满水样不留空气。采样后，用塑胶带将瓶口密封。毒性测定应在采样后 6h 内进行。否则应在 2~5℃下保存样品，但不得超过 24h。报告中应写明水样采集时间和测定时间。对于含固体悬浮物的样品须离心或过滤去除，以免干扰测定。

（二）样品液的稀释

（1）样品液测定前稀释的条件。首先进行样品液预实验，取事先加氯化钠至 30g/L 浓度的样品母液 2mL 装入样品管，并设一支 CK 管（30g/L 氯化钠溶液），测定其相对发光度。若相对发光度低于 50%乃至零，欲以 EC_{50} 表达结果，则需稀释。若相对发光度在 1%以上，欲以与相对发光度相当的氯化汞浓度表达结果，则不需稀释。

（2）样品液的稀释液。样品液的稀释液一律用蒸馏水，在定容前一律按构成氯化钠 30g/L 浓度添加氯化钠或浓溶液（母液只能加固体）。

（3）样品液稀释浓度的选择。探测实验：按对数系列将样品液稀释成 5 个浓度（100%、10%、1%、0.1%、0.01%，它们的对数依次为 0、-1、-2、-3、-4），按"（四）样品测定步骤"所述粗测一遍，观察 1%~100%相对发光度落在哪一浓度范围。

实验：在 1%~100%相对发光度所落在的浓度范围内再增配 6~9 个浓度（例如，若落在 0.1%~10%之间，则应稀释成 0.1%、0.25%、0.5%、0.75%、1%、2.5%、5%、7.5%、10%；若落在 1%~10%之间，则应稀释成 1%、2%、4%、6%、8%、10%），按"（四）样品测定步骤"所述再测一遍；这 6~9 个浓度，也可通过查对数表，按等对数间距原则自行确定。

（三）测定条件

室温 20~25℃：同一批样品在测定过程中要求温度波动不超过±1℃。且所有测试器皿及试剂、溶液测前 1h 均置于控温的测试室内。

pH 值：若测定包括 pH 影响在内的急性毒性，不应调节水样 pH。若测定排除 pH 影响在内的急性毒性，须将水样和 CK（氯化钠 30g/L）pH 值测前调至下值，主要含 Cu 水样为 4.5，主要含其他金属水样为 5.4，主要含有机化合物水样为 7.0。

溶解氧：本法只能测定包括溶解氧影响在内的急性毒性。

（四）样品测定步骤

（1）试管的排列。于塑料或铁制试管架上按以下两种情况排列测试管（表 3-6）。

① 当样品母液相对发光度为 1%以上者，如下排列。左侧放参比毒物氯化汞系列浓度溶液管，右侧放样品管。前排放氯化汞溶液和样品管，后一排放对照（CK）管，后二排放 CK 预实验管。每管氯化汞或样品液均配一管 CK（30g/L 氯化钠溶液）。设 3 次重复。每测一批样品，均须同时配置测定系列浓度氯化汞标准溶液。

表 3-6 试管在试管架上的排列

后二排						CK 预试 1	CK 预试 2				
后一排	CK	CK	CK	CK	...	CK	CK	CK	CK	...	CK
前排	0.02	0.02	0.02	0.04	...	0.24	样 1	样 1	样 1	样 2	样 n
管群	氯化汞（mg/L）						样品				

② 当样品母液相对发光度为 50%以下乃至零者，如下排列。左侧仅放氯化汞 0.10mg/L 溶液管（作为检验发光细菌活性是否正常的参考毒物浓度，它反映 15min 的相对发光度应在 50%左右），右侧放样品稀释液管（从低浓度到高浓度依次排列）。其他同上。每测一批样品，均须同时配测氯化汞 0.10mg/L 溶液。

（2）加 30g/L 氯化钠溶液。用 5mL 的定量加液瓶给每支 CK 管加 5mL 氯化钠溶液（30g/L）。

（3）加样品液。用 5mL 吸管给每支样品管加 5mL 样品液。每个样品号换一支吸管。

（4）发光细菌冻干菌剂复苏。从冰箱（2～5℃）取出含有 0.5g 发光细菌冻干粉的安瓿瓶和氯化钠溶液，放入置有冰块的小号（1～1.5L）保温瓶，用 1mL 注射器吸取 0.5mL 20g/L 的氯化钠溶液（适用于 5mL 测试管）注入已开口的冻干粉安瓿瓶，务必充分混匀。2min 后菌即复苏发光（可在暗室内检验，肉眼应见微光），备用。

（5）仪器的预热和调零。打开生物发光光度计电源，预热 15min，调零，备用。

（6）仪器检验复苏发光细菌冻干粉质量。另取一空 5mL 测试管，加 5mL 30g/L 的氯化钠溶液，加 10μL 复苏发光菌液，盖上瓶塞，用手颠倒 5 次以达均匀。拔去瓶塞，将该管放入各自型号仪器测试舱内，若发光量立即显示（或经过 5～10min 上升到）600mV 以上，此瓶冻干粉可用于测试。菌液发光量先缓慢上升，约持续 5～15min，后缓慢下降，约持续 4h。满 4h 的 CK 发光量应不低于 400mV，低于者更换冻干粉。

（7）给各测试管加复苏菌液。在发光菌液复苏稳定（约 0.5h）后，从左到右，按氯化汞或样品管（前）-CK 管（后）-氯化汞或样品管（前）-CK 管（后）等的顺序，用 10μL 微量注射器（勿用定量加液器以减少误差）准确吸取 10μL 复苏菌液，逐一加入各管，盖上瓶塞，用手颠倒 5 次，拔去瓶塞，放回原位（每管加菌间隔时间勿短于 30s）。每管在加菌液的当时务必精确计时，记录到秒，即为样品与发光菌反应起始时间。立即将此时间加 15min，记作各管反应终止（也即应该读发光量）的时间。

（8）发光细菌与样品反应达到终止时间的读数。按各管原来加菌液的先后顺序，当某管达到记录的反应终止时间，在不加瓶塞的情况下，立即将测试管放入仪器测试舱，读出其发光量[以光信号转化的电信号——电压（mV）表示]。

（9）有色样品测定干扰的校正。拿掉仪器样品舱上的黑色塑料管口。取一 2mL 测试管（直径 12mm），加 30g/L 的氯化钠溶液 2mL，将该管放进一装有少量 30g/L 氯化钠溶液的 5mL 管（直径 20mm）内，要使外管与内管的 30g/L 氯化钠液面平齐。此作 CK 管。另取一 2mL 测试管，加 30g/L 氯化钠溶液 2mL，放入另一装有少量有色待测样品液的 5mL 管内，要使外管与内管的 30g/L 氯化钠液面平齐。此作 CKc 管。于 CK 和 CKc 二管的内管中同时加复苏发光菌液 10μL，立即计时到秒，等反应满 15min，迅速放入仪器测试舱，测定两只带有内管的 5mL 测试管的发光量。分别记下发光量 L_1（CK 管）和 L_2（CKc 管）；计算因颜色引起的发光量（mV）校正值 $\Delta L = L_1 - L_2$；按常规步骤测试带色样品管及其 CK 管（30g/L 氯化钠溶液）的发光量（mV）。所有 CK 管测得之发光量（mV）均须减去校正值 ΔL(mV)后才能作为 CK 发光量（mV）。有色样品溶液测定干扰的校正示意图见图 3-4。

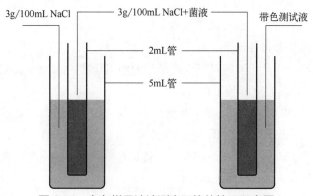

图 3-4 有色样品溶液测定干扰的校正示意图

五、实验结果与数据处理

（1）参考式（3-35）计算样品相对发光度（%），并据式（3-36）算出平均值。

$$相对发光度（\%）= \frac{氯化汞管或样品管发光量(mV)}{CK管发光量(mV)} \times 100\% \quad (3-35)$$

$$相对发光度（\%）平均值 = \frac{(重复1)(\%)+(重复2)(\%)+(重复3)(\%)}{3} \quad (3-36)$$

（2）相对发光度在 1% 以上，建立并检验氯化汞浓度（C）与其相对发光度（T,%）均值的相关方程，也可以绘制关系曲线。

① 求出一元一次线性回归方程的 a（截距），b（斜率、回归系数）和 r（相关系数），列出方程式（3-37）：

$$T = a + bC_{氯化汞} \quad (3-37)$$

查相关系数显著水平（P 值）表，检验所求 r 值的显著水平。若 $P \leq 0.01$，且 $EC_{50\,氯化汞}=$（0.10±0.02）mg/L，则所求相关方程成立；反之，不能成立，须重测系列氯化汞浓度的发光量。氯化汞溶液配制过夜者，须重配后再测定。

② 也可以据建立的上述方程绘制关系曲线。即指定发光度为 10%和 90%，代入上式，求出相应的两个氯化汞浓度，在常数坐标纸上，定出两点，画一直线，即为符合该方程的氯化汞浓度与相对发光度的关系曲线。

（3）相对发光度低于 50%乃至零者，建立并检验样品稀释浓度（C）与其相对发光度（T, %）均值的相关方程，绘制关系曲线。

按上式所述方法建立相关方程 $T=a+bC_{样}$，并检验相关系数 r 显著水平（P 值）。若 $P\leqslant0.05$，则所求相关方程成立；反之，不能成立，须重测样品稀释系列浓度的发光量。

（4）用氯化汞浓度表达样品毒性。

① 适用的条件。符合样品母液相对发光度大于 1%并按要求建立了合格 [$P\leqslant0.01$，且 $EC_{50氯化汞}$ =（0.10±0.02）mg/L] 的氯化汞浓度与其相对发光度相关方程者。

② 表达方法。将测得的样品相对发光度，代入式（3-39）的相关方程，求出与样品急性毒性相当的氯化汞浓度（一般用 mg/L 表示）；测试结果报告同时列举样品相对发光度及其相当的氯化汞浓度值。

③ 适用性。适用于相对发光度在 1%以上，特别是 50%以上（即不可能出现 EC_{50} 值）但低于 100%（即仍有中、低水平毒性）的样品毒性测定。

（5）用 EC_{50} 值表达样品毒性。

① 适用的条件。符合样品母液相对发光度低于 50%乃至零并按要求建立了合格（$P\leqslant0.05$）的样品稀释液浓度与其相对发光度相关方程者。

② 表达方法。将 $T=50\%$ 代入（3）建立的相关方程，求出样品的 EC_{50} 值。这里的 EC_{50} 值以样品的稀释浓度（一般用百分浓度）表示；测试结果报告列举样品的 EC_{50} 值。

③ 适用性。适用于相对发光度在 50%以下，特别是零（即毒性水平较高或很高）的样品毒性测定，后者无法以相当的氯化汞浓度表达毒性。

（6）测定记录格式见表 3-7。

表 3-7 试样品急性毒性发光细菌测定法实验记录

测定日期：_____   测定人：_____   提取方式：_____

分析号	加菌液时间（反应开始，读到秒）	测定时间（反应时间，读到秒）	发光量 /mV	相对发光度 L/%（样品/CK×100%）	均值 $\bar{L}x$	抑制发光率（IL=100−L）	备注

六、注意事项

样品 3 次重复测定结果的相对偏差应不大于 15%。

七、思考题

发光细菌测定水质毒性时需要注意哪些因素?

参考文献

[1] 水质 化学需氧量的测定 快速消解分光光度法:HJ/T 399—2007 [S].2007.
[2] 水质 五日生化需氧量(BOD_5)的测定 稀释与接种法:HJ 505—2009 [S].2009.
[3] 水质 总有机碳的测定 燃烧氧化-非分散红外吸收法:HJ 501—2009 [S].2009.
[4] 水质 石油类和动植物油类的测定 红外分光光度法:HJ 637—2018 [S].2018.
[5] 水质 挥发酚的测定 4-氨基安替比林分光光度法:HJ 503—2009 [S].2009.
[6] 水质 氨氮的测定 纳氏试剂分光光度法:HJ 535—2009 [S].2009.
[7] 水质 硝酸盐氮的测定 紫外分光光度法:HJ/T 346—2007 [S].2007.
[8] 水质 总氮的测定 碱性过硫酸钾消解紫外分光光度法:HJ 636—2012 [S].2012.
[9] 水质 总磷的测定 钼酸铵分光光度法:GB 11893—1989 [S].1989.
[10] 水质 六价铬的测定 二苯碳酰二肼分光光度法:GB 7467—1987 [S].1987.
[11] 水质 铁、锰的测定 火焰原子吸收分光光度法:GB 11911—1989 [S].1989.
[12] 水质 镍的测定 火焰原子吸收分光光度法:GB 11912—1989 [S].1989.
[13] 水质 总汞的测定 冷原子吸收分光光度法:HJ 597—2011 [S].2011.
[14] 水质 汞、砷、硒、铋和锑的测定 原子荧光法:HJ 694—2014 [S].2014.
[15] 水质 游离氯和总氯的测定 N,N-二乙基-1,4-对苯二胺分光光度法:HJ 586—2010 [S].2010.
[16] 水质 氰化物的测定 流动注射-分光光度法:HJ 823—2017 [S].2017.
[17] 水质 氟化物的测定 离子选择电极法:GB 7484—1987 [S].1987.
[18] 水质 硫化物的测定 亚甲蓝分光光度法:HJ 1226—2021 [S].2021.
[19] 水质 粪大肠菌群的测定 多管发酵法:HJ 347.2—2018 [S].2018.
[20] 水质 物质对蚤类(大型蚤)急性毒性的测定方法:GB/T 13266—1991 [S].1991.
[21] 水质 急性毒性的测定 发光细菌法:GB/T 15441—1995 [S].1995.

第四章
综合性设计与实验

实验 1 汽车尾气成分监测

汽车尾气是指汽车使用时产生的废气，其含有上百种不同的物质，如固体悬浮微粒、一氧化碳、二氧化碳、二氧化硫、挥发性有机物、氮氧化合物以及重金属物质等。汽车尾气不仅会直接危害人体健康，而且还会对人类生活环境产生深远影响。例如，汽车尾气排放是酸雨形成的重要因素，会造成土壤和水源酸化。因此，对汽车尾气中颗粒物、一氧化碳、二氧化硫、氮氧化物以及挥发性有机物等污染物进行监测具有重要意义。

一、实验目的和要求

（1）了解和认识汽车尾气中污染物的成分及其危害。
（2）熟悉汽车尾气的采集方式。
（3）掌握汽车尾气中主要污染成分的分析方法。

二、组织和分工

成立监测小组，进行任务分工，在现场调查的基础上制定实验方案，准备或采购所需的仪器、材料以及试剂等，并且将上述工作以文件的形式展示。

三、采样和测定方法的确定

汽车尾气成分监测主要内容为分析在不同情景下尾气颗粒物、一氧化碳、二氧化硫、氮氧化物以及挥发性有机物的含量。

（一）样品采集方法的确定

汽车尾气采集与环境空气样品采集具有明显区别。总结汽车尾气采集的特点，设计尾气采集示意图以及尾气采集装置，使其可安装在汽车尾部，进而可据此实现采集汽车尾气样品和尾气颗粒物样品。

（二）试样测定方法的确定

选取尾气颗粒物、一氧化碳、二氧化硫、氮氧化物以及挥发性有机物的分析方法，比较各种方法的特点、限制条件、仪器和试剂要求、测定的浓度范围、灵敏度以及准确度等，自行选择合理的测定方法。

四、现场采样和实验室分析

（1）按拟定实验方案进行现场采样，注意天气情况，并记录采样环境条件。
（2）样品经合理运输，并按要求进行保存。
（3）对样品进行前处理。
（4）按步骤进行不同污染物质的现场或实验室内测定、数据处理及分析。

整个实验过程需全程记录，包括参与人员及分工、测定数据、详细实验过程以及环境条件等。实验人员应具备合乎要求的样品分析能力、空白实验操作以及数据评价和质量控制能力，所有分析结果应符合相应方法所规定的质量保证要求，以保证数据可靠性。

五、监测报告的编写

监测报告内容至少包括任务来源、监测目的、现场调查、组织和人员分工、监测计划制订、前期工作准备、计划实施、质量保证（或实验室质量控制）、样品采集、样品运输与保存、实验室分析、数据分析与处理、汽车尾气监测总结报告等。

六、注意事项

（1）注意在进行不同组分分析时排除其他组分的干扰。
（2）采取措施以提高目标分析物的采集效率。

七、总结

要求每位参与人员总结心得体会，并提出改进建议。所有资料和文件装订成册并归档，作为教学资料供参考。

实验 2　大气细颗粒物 $PM_{2.5}$ 中多组分分析

大气细颗粒物（$PM_{2.5}$）是空气动力学直径在 2.5μm 及以下的细颗粒物，又称为可入肺颗粒物，鼻毛和呼吸道的绒毛均不能将其挡住，可直接影响肺部气体交换，易诱发呼吸系统疾病以及慢性阻塞性肺疾病，甚至还可能致癌。$PM_{2.5}$ 中污染物质主要包括无机阴离子（如 NO_3^-、SO_4^{2-}）、痕量重金属离子、元素碳（EC）、有机碳（OC）以及矿物灰尘等。因此，$PM_{2.5}$ 中污染物质的多组分分析对于污染源解析、生态环境和人体健康保护至关重要。

一、实验目的和要求

（1）了解 $PM_{2.5}$ 中污染物的组成特征。
（2）掌握 $PM_{2.5}$ 中污染物质的多组分分析方法。

二、组织和分工

成立实验小组，进行任务分工，在现场调查的基础上制定实验方案，准备或采购所需的仪器、材料以及试剂等，并且将上述工作以文件的形式展示。

三、采样和测定方法的确定

$PM_{2.5}$ 中多组分分析实验主要内容为测定在不同时空条件下颗粒物中无机阴离子、痕量重金属离子、元素碳以及有机碳的含量。

（一）空气污染特征分析

收集采样点所在地区的环境空气质量监测数据和气象数据，评价该地区的环境空气质量现状与特征，分析该地区 $PM_{2.5}$ 主要化学组分的时空分布特征，了解 $PM_{2.5}$ 的污染状况及其变化规律，进而筛选待测无机阴离子和重金属离子的种类。

（二）颗粒物采集方法的确定

分析 $PM_{2.5}$ 采集的特点，设计 $PM_{2.5}$ 采集示意图以及颗粒物采集装置，进而可据此实现 $PM_{2.5}$ 的有效采集。

（三）试样测定方法的确定

选取针对 $PM_{2.5}$ 中无机阴离子、痕量重金属离子、元素碳以及有机碳的分析方法，比较各种方法的特点、限制条件、仪器和试剂要求、测定的浓度范围、灵敏度以及准确度等，自行选择合理的测定方法。

四、现场采样和实验室分析

（1）按拟定实验方案进行现场采样，注意天气情况，并记录采样环境条件。
（2）样品经合理运输，并按要求进行保存。
（3）对样品进行前处理。
（4）按步骤进行不同污染物质的实验室内测定、数据处理及分析。

整个实验过程需全程记录，包括参与人员及分工、测定数据、详细实验过程以及环境条件等。实验人员应具备合乎要求的样品分析能力、空白实验操作以及数据评价和质量控制能力，所有分析结果应符合相应方法所规定的质量保证要求，以保证数据可靠性。

五、实验报告的编写

实验报告内容至少包括任务来源、实验目的、现场调查、组织和人员分工、实验计划制订、前期工作准备、计划实施、质量保证（或实验室质量控制）、样品采集、样品运输与保存、实验室分析、数据分析与处理、$PM_{2.5}$ 组分分析总结报告等。

六、注意事项

（1）注意在分析特定组分时排除其他组分的干扰。

（2）颗粒物在大气环境中的化学组分及其含量会受到多因素的影响，如不同污染过程、颗粒物传输过程、颗粒物所处地域的地理条件和气候条件等都会对颗粒物组分特征造成极大影响。因此，在样品采集过程中需保证采样具有代表性和有效性。

七、总结

要求每位参与人员总结心得体会，并提出改进建议。所有资料和文件装订成册并归档，作为教学资料供参考。

实验3　校园湖水质量评价

良好的校园水体环境不仅有力营造了校园生活氛围，同时也是美化、净化和绿化校园的重要载体。然而，校园湖水因水域面积小、水体流动性差、自净能力低且水环境容量小等缺点，极易导致水体富营养化，并丧失其原有使用价值。因此，对校园湖水水质进行监测和合理评价尤为重要，可为校园水环境综合整治提供重要参考。

一、实验目的和要求

（1）了解水环境质量监测方案的制定过程和监测方法。

（2）熟悉校园水环境的分类和若干评价指标。

（3）能够根据所在校园水环境的具体情况学会水样采集点位的布设和优化，以及设置合理的采样时间和频率。

（4）掌握水环境质量标准的检索和应用以及相关监测技术手段的使用方法。

（5）结合校园水环境质量监测结果和水环境质量标准评价校园水环境质量现状。

（6）独立编制校园水环境监测（评价）报告。

二、校园湖水质量评价指标及测定方法

（一）校园湖水质量评价指标

根据《地表水环境质量标准》（GB 3838—2002）中水体功能划分和水质评价体系，确定校园湖水质量评价指标和目标限值，如表 4-1 所示。

表 4-1　校园湖水质量评价指标和目标限值

评价指标	pH值	溶解氧/(mg/L)	高锰酸盐指数/(mg/L)	化学需氧量/(mg/L)	生化需氧量/(mg/L)	氨氮/(mg/L)	总氮/(mg/L)	总磷/(mg/L)
目标限值	6~9	3	10	30	6	1.5	1.5	0.3

（二）评价方法

（1）pH 值（电极法，详见 HJ 1147—2020）。

(2) 溶解氧（碘量法，详见 GB 7489—1987）。
(3) 高锰酸盐指数（高锰酸钾氧化法，详见 GB 11892—1989）。
(4) 化学需氧量（快速消解分光光度法，详见第三章实验1）。
(5) 生化需氧量（稀释与接种法，详见第三章实验2）。
(6) 氨氮（纳氏试剂分光光度法，详见第三章实验6）。
(7) 总氮（碱性过硫酸钾消解紫外分光光度法，详见第三章实验8）。
(8) 总磷（钼酸铵分光光度法，详见第三章实验9）。

三、实验内容

（1）校园湖水概况调研，了解校园内湖泊周边主要及潜在污染源，并绘制校园内湖泊的平面布置图。

（2）采样点布设及水样采集，根据《水质 采样方案设计技术规定》（HJ 495—2009）完成采样垂线和采样点等布设；根据《水质 湖泊和水库采样技术指导》（GB/T 14581—1993）完成采样方案设计、采样技术选择，样品保存和预处理等过程。

（3）按照选定的湖水环境质量评价指标和评价方法，开展水质环境监测实验。

（4）对汇总的水质监测数据进行处理，给出对应水环境体系的水质现状值。

（5）根据所得监测数据并结合国家和地方的相关法律法规，评价校园水环境质量现状，并对于不达标的情况提出合理的建议（规划）。

四、组织与分工

根据校园湖水采样点位进行水质监测小组划分，各小组根据其采样点位实际情况制定可能遇到问题的应变预案，并准备采集水样需要的容器和相关评价指标所需的仪器和试剂，完成采样、水质监测及水质评价，以上各项工作均需形成纸质或电子版文件详细记录。

五、校园水环境质量评价报告的撰写

校园水环境质量评价报告内容主要包括：任务背景、评价目的、校园湖水概况、组织和分工、评价方案制订、质量评价工作实施、实验设备和试剂、实验室分析、数据处理、校园水环境质量现状评价等。

六、讨论

（1）校园水环境质量评价的结果有什么用途？
（2）简述校园水环境质量评价体系的分类依据和作用。
（3）简述各项水质评价指标的测试方法、所需的实验仪器和试剂。

实验4　农田土壤中有机磷农药的降解与残留

有机磷农药属于农作物生长过程中常用的一种农药化合物，该类化合物在防治农作物病虫害中发挥重要的作用。有机磷农药品种繁多，具有高效广谱和易分解的特点，其化学结构多属于硫酸酯类或者硫代磷酸酯类化合物。农药在土壤中的残留不仅造成环境的污染，更会因食物链积累而威胁人类健康，如致癌和致畸效应。因此，测定土壤中残留的有机磷农药十分必要。

一、实验目的和要求

（1）了解有机磷农药在土壤中的降解方法以及检测方法。
（2）了解土壤中有机磷农药的提取方法。
（3）掌握土壤中有机磷农药残留量的测定原理和方法。

二、实验原理

在土壤中残留的有机磷农药，大多是采取超声、索氏、微波萃取以及溶剂加热的方法进行提取。本实验选择微波萃取法进行提取，此方法具有升温快、加热均匀以及溶剂使用量较少的优点。由于土壤中除有机磷农药外，还含有较多的污染物，因此在对土壤提取物进行分析前需要经过净化以消除污染物的干扰。目前使用率较高的净化方法包括柱色谱、固相小柱以及凝胶色谱方法等。本实验采取硅胶固相小柱的方法进行净化处理。最后有机磷农药的检测选择气相色谱方法，提高环境监测控制的基础。有机磷农药标准色谱图见图4-1。

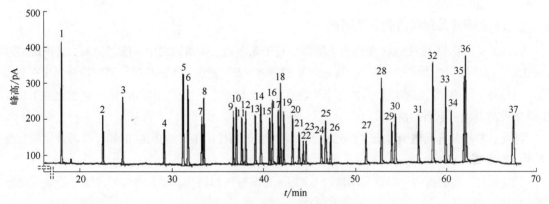

图4-1 有机磷农药标准色谱图

1—敌敌畏；2—甲胺磷；3—速灭磷；4—乙酰甲胺磷；5—甲拌磷；6—治螟磷；7—特丁硫磷；8—二嗪磷；9—异稻瘟净；10—除线磷；11—久效磷；12—乐果；13—甲基立枯磷；14—甲基嘧啶磷；15—毒死蜱；16—甲基对硫磷；17—倍硫磷；18—马拉硫磷；19—杀螟硫磷；20—对硫磷；21—乙基溴硫磷；22—水胺硫磷；23—稻丰散；24—脱叶磷；25—杀虫畏；26—杀扑磷；27—乙拌磷砜；28—敌瘟磷；29—三唑磷；30—苯腈磷；31—苯硫磷；32—莎稗磷；33—保棉磷；34—吡菌磷；35—赛灭磷；36—益棉磷；37—蝇毒磷

三、仪器和试剂

（一）仪器与器皿

（1）气相色谱仪（配有色谱柱及检测器）、微波消解仪、旋转蒸发仪及其他一般实验室常用仪器。
（2）萃取罐、硅胶固相萃取小柱、色谱小瓶及其他一般实验室常用器皿。

（二）试剂

（1）色谱纯乙腈、丙酮和甲苯等。

（2）分析纯试剂，包括正己烷、二氯甲烷、丙酮、氯化钠和无水硫酸镁。

（3）有机磷农药标准储备液，浓度为1000mg/L。

（4）有机磷农药标准使用液，浓度为10mg/L。

（三）气相色谱仪分析条件

气相色谱仪的温度控制如下：初始温度90℃，保持30s；第二阶段以35℃/min的速度升温至210℃；第三阶段以35℃/min的速度升温至250℃；第四阶段以20℃/min的速度升温至270℃，并保持3min。

载气为氮气（纯度为99.999%），流量7mL/min［压力16.34psi（0.11MPa）］；检测器入口温度250℃，氢气和空气的流速分别是75mL/min和100mL/min；进样方式选择不分流；FPD检测器温度245℃；进样体积2mL。

四、实验步骤

（一）样品的采集和保存

参考《土壤环境检测技术规范》（HJ/T 166—2004）进行土壤样品采样布点、采样器具准备、土壤采样和样品运输及保存等过程设计。

（二）土壤样品溶液的制备及测试

提取：精密称取1g去除污染物的土壤样品置于聚四氟乙烯萃取罐中，精密加入二氯甲烷溶液20mL，在温度为60℃的条件下萃取10min，取萃取液。萃取罐使用15mL的二氯甲烷分三次充分洗涤，然后将萃取液和洗涤液混合后，置于旋转蒸发仪上旋干。采用正己烷和丙酮（体积比为1∶1）混合溶液溶解就得到粗品溶液。

净化：将粗制样品溶液过硅胶固相小柱，溶液蒸干后使用1mL的丙酮溶解，即得净化后的土壤样品溶液。

测定：将上述制得的土壤样品溶液经0.45μm滤膜过滤后进样，按上述气相色谱分析条件进行测试分析。

（三）标准曲线的绘制

分别精密量取混合标准使用液1mL、2mL、5mL、8mL和10mL，丙酮稀释并定容在容量为10mL的容量瓶中。0.45μm滤膜过滤后进样，记录峰面积。然后以浓度为横坐标，峰面积为纵坐标，绘制标准品的线性图，得到回归方程和相关系数。

五、注意事项

（1）实验过程尽量避免光照，以防止农药光解。

（2）样品预处理过程中使用的有机溶剂通常具有毒性且易挥发，预处理过程需要在通风条件下进行。

六、思考题

影响有机磷农药在土壤中降解和残留的因素有哪些？

实验 5　重金属在土壤-植物中的迁移

重金属是土壤的重要组成元素，其种类复杂且含量丰富，如铅、铜、锌、镉、汞、铁等。土壤中重金属浓度超标将会造成严重的土壤重金属污染，重金属污染物一般具有长期性、隐蔽性等特点，难以被土壤中微生物降解，其将在土壤中不断累积或者通过生物链在植物、动物及人体中富集。此外，不同的重金属元素在土壤-植物中的迁移能力不同，因此为准确评估土壤中重金属元素的生态风险，对其在土壤-植物中迁移规律的研究显得至关重要。

一、实验目的和要求

（1）了解土壤样品的采样方法。
（2）掌握土壤和植物体中重金属的预处理（消解）和元素测定方法。
（3）掌握原子吸收光谱仪的使用方法和原理。
（4）了解重金属在土壤-植物中的迁移规律。

二、实验原理

本实验采用盆栽实验的方法，通过测试在镉、铜、铅、锌等重金属污染土壤中培养一段时间（一个月）后小麦的根、茎、叶和土壤中重金属浓度以分析重金属在土壤-植物中的迁移规律。此外土壤样品和植物样品皆需进行消解处理，本实验选用湿法消解，消解得到的可溶态重金属元素通过电感耦合等离子体发射光谱仪测定。

三、仪器和试剂

（一）实验仪器与器皿

（1）电感耦合等离子体发射光谱仪、温控电热板、离心机及其他一般实验室常用仪器。
（2）尼龙筛（80目）。
（3）50mL高型烧杯、10mL比色管、250mL容量瓶、表面皿、烧杯及其他一般实验室常用玻璃仪器。

（二）实验试剂

（1）硝酸、盐酸、高氯酸（优级纯）、氢氟酸（40%，分析纯）、王水（盐酸、硝酸的体积比为3∶1）。
（2）重金属标准储备液：准确称取0.2500g光谱纯金属，用适量的硝酸（1∶1）溶解（必要时加热），待溶液冷却后使用250mL容量瓶稀释定容，即得重金属标准储备液（质量浓度为1.00mg/mL）。
（3）重金属混合标准溶液：取配制好的镉（2.5mL）、铜（25mL）、铅（25mL）、锌（25mL）重金属标准储备液，用1%稀硝酸溶解并定容至250mL容量瓶中，即得浓度分别为10mg/L、100mg/L、100mg/L、100mg/L的镉、铜、铅、锌重金属混合标准溶液。

四、实验步骤

（一）土壤样品的制备

土壤样品可以选用已受重金属污染的土壤或者选用浸泡于重金属模拟废液中的干净无污染的土壤以模拟重金属污染土壤。

（1）取 500g 受重金属污染的土壤，置于塑料薄膜表面自然风干后剔除草根、石块等杂质，经磨碎后过尼龙筛，加入蒸馏水至饱和状态。向所得土样中加入 0.2g $N(NH_4NO_3)$、0.1g $P(KH_2PO_4)$、0.125g $K(KH_2PO_4)$ 作 N、P、K 基肥，搅拌均匀后加盖静置 5d，待平衡后风干磨细备用。

（2）取 1000g 未受重金属污染的干净土壤，风干后剔除草根、石块等杂质，经磨碎后过尼龙筛。将土壤置于容量为 1L 的烧杯中，在另一个 500mL 烧杯中分别加入 100mL 铜、铅、锌的标准储备液和 1.0mL 镉的标准储备液，并重复上述添加 N、P、K 基肥等操作步骤，得到浓度为 1mg/kg、100mg/kg、100mg/kg、100mg/kg 的镉、铜、铅、锌模拟重金属污染土壤备用。

（二）幼苗的培养和样品的制备

称取三份 100g 准备好的土壤样品于花盆中进行平行实验，并于每个花盆中播种 5 颗经次氯酸钠溶液（5min）和蒸馏水（24h）洗净浸泡后的小麦种子。将播种后的花盆置于恒温光照培养箱（25℃，光照 10h 以上）中连续培养 30d 后获得幼苗，并使用去离子水充分冲洗小麦的根茎叶。此外，采用四分法反复筛选所得土壤（最终保留 20g 土样以作测试），并将所得植物样与土样于 80℃ 烘箱中烘干（或自然风干），研磨成细粉后装入样品瓶干燥保存备用。

（三）土样的消解

（1）HNO_3-$HClO_4$-HF 法。准确称取 0.2500g 土样于聚四氟乙烯烧杯中并分批次滴加 10mL 硝酸，待剧烈反应后移至电热板上加热 1h，冷却后加入 5mL 氢氟酸煮沸 10min，加入 2mL 高氯酸蒸干得到灰白色残渣至冷却，加入适量 1% HNO_3 温热溶解，转移至 100mL 容量瓶中定容，转移至聚乙烯瓶中储存备用。

（2）HNO_3-$HClO_4$ 法。准确称取 0.2500g 土样于锥形瓶中，使用去离子水润洗沥干后加入 15mL 硝酸，于电热板上缓慢加热分解蒸至近干（加以回流）。待烧杯冷却后加入 10mL 混合酸（$V_{硝酸}$：$V_{高氯酸}$=1：4），置于电热板上继续加热分解蒸至近干，并反复循环该操作直至得到近灰白色样品至冷却，加入适量 1% HNO_3 温热溶解，转移至 100mL 容量瓶中储存备用。

（3）王水-$HClO_4$ 法。准确称取 0.2500g 土样于锥形瓶中，使用去离子水润洗沥干后加入 10mL 王水，在电热板上加热微沸至有机物剧烈反应，反应后添加 2mL 高氯酸，提高温度强火加热至冒白烟，得到灰白色或淡黄色土壤，冷却，加适量去离子水，小火加热除去高氯酸。加入适量 1% HNO_3 温热溶解，转移至 100mL 容量瓶中储存备用。

（4）HNO_3 法。准确称取 0.2500g 土样于锥形瓶中，使用少许去离子水湿润，然后加入 10mL 硝酸，于电热板上缓慢加热分解（加以回流）蒸至近干。稍冷后反复循环该操作直至得到近灰白色样品至冷却，加入适量 1% HNO_3 温热溶解，转移至 100mL 容量瓶中储存备用。

（四）植物样的消解及重金属含量的测定

（1）植物样的消解。称取准备好的 0.7500g 植物样品于 50mL 高型烧杯中，加入 10mL 混合酸（$V_{硝酸}$：$V_{高氯酸}$=4：1）静置 12h，100～150℃ 砂浴加热 45min，提高温度至 200～250℃，待瓶内溶液呈无色透明尚有约 2mL 时终止（注意经常摇动烧杯防止样品炭化变黑，必要时可以补加适量混合酸），冷却后加入适量 1% HNO_3 温热溶解，转移至 100mL 容量瓶中储存备用。

（2）重金属含量的测定。重金属元素浓度的测定方法参考《水质 32 种元素的测定 电感耦合等离子体发射光谱法》（HJ 776—2015）。

五、实验结果与数据处理

通过电感耦合等离子体发射光谱法测试得到被测重金属元素的浓度，根据式（4-1）计算出样品中对应重金属元素的含量：

$$C = \frac{MV}{W} \qquad (4\text{-}1)$$

式中　C——土壤或植物样品中重金属浓度，mg/kg；

　　　M——测定的溶液浓度，mg/L；

　　　V——定容体积，mL；

　　　W——样品质量，g。

土壤中重金属的富集系数计算如式（4-2）：

$$富集系数 = \frac{植物中重金属含量(\text{mg/kg})}{土壤中重金属含量(\text{mg/kg})} \qquad (4\text{-}2)$$

六、思考题

（1）重金属土壤有哪些消解方法？

（2）详述重金属在土壤-植物中的迁移规律。

实验 6　高铁沿线声环境监测与评价

高铁沿线的声环境是备受关注的敏感问题。随着高铁的快速发展，高铁噪声已成为较大的环境污染问题，因而开展高铁沿线声环境监测具有重要意义。假设某高铁是国内某条软土路基施工建设的高速铁路，且为全线使用新型轨道板铺设的无砟高速铁路。该线路沿线城市密集，噪声敏感点较多，并针对性地采取了建筑物功能置换、声屏障、建筑隔声防护、绿化林带等有效措施。本节以该高铁为研究案例，对其沿线边界噪声进行监测，并根据我国现有的高铁沿线声环境评价标准开展分析与评价。

一、实验目的和要求

（1）熟悉声环境监测方案的制定过程和方法，学会监测点位的布设和优化。

（2）掌握根据监测数据和声环境标准进行声环境质量评价的过程和方法。

二、组织和分工

成立监测小组，进行任务分工，在现场调查的基础上制定监测计划预案及应变预案，准备或采购所需的声环境监测仪器，并对仪器进行调试，然后将上述工作以文件的形式展示。

三、实验仪器

（1）声级计：采用经检定合格的 HB6288B、HS5670B 型声级计，也可采用其他符合要求的市售声级计。

（2）声源校正器。

四、实验内容

（1）制定详细、周全、可行的声环境监测方案。绘制高铁监测段布置图，并标出监测点位。

（2）按照监测方案在各监测点位上监测和记录昼、夜噪声瞬时值。

（3）对监测数据进行处理，给出高铁沿线声环境质量现状值。

（4）查阅我国现行《铁路边界噪声限值及其测量方法》（GB 12525—1990）和《声环境质量标准》（GB 3096—2008），根据监测结果判断高铁沿线的声环境质量是否达标，若不达标，分析原因。

（5）根据监测结果评价高铁沿线的声环境质量现状。

五、实验步骤

（一）测量条件

（1）依据《铁路边界噪声限值及其测量方法》（GB 12525—1990）和《铁路环境测量 环境噪声测量》（TB/T 3050—2022）的要求，结合该高铁的运行特点，选择测量时段车流密度不少于昼间的平均车流密度，列车通过数量不少于 10 列。必要时，昼间或夜间分别进行全时段测量。

（2）铁路边界噪声监测布点在铁路边，最外侧轨道中心线垂直 30m 处，中间无障碍物，设置仪器的传感器距地面 1.2m。

（3）选择晴朗无风天气，测试的过程中没有鸣笛情况和突发非铁路噪声源干扰。测试时，本底噪声 50dB(A)左右，记录每小时通过高铁列数、测点与轨道之间自然地理状况、树木草坪等。

（二）测量步骤

（1）选择该高铁沿线 2～5 处监测点位，记录监测点位处的线路股数、桥梁、墩高、地面距离、屏障、护栏、植物情况及天气等条件。

（2）每组二人配置一台声级计，依次到各监测点位进行测量。

（3）各监测点位分别测昼间和夜间的噪声值。监测边界噪声 1h 等效声级；为了解列车通过时边界噪声状况，一并监测列车通过时 10s 等效声级。读数同时要判断和记录附近主要噪声源（如交通噪声、施工噪声、工厂或车间噪声等）。

六、实验结果与数据处理

（1）将各监测点位每次的测量数据顺序排列，找出 L_{10}、L_{50}、L_{90}，求出等效声级 L_{ep} 和最大声级 L_{max}，再将该监测点位全天的 L_{ep} 各次求算术平均值，作为该监测点位的环境噪声评价量。

（2）根据《铁路边界噪声限值及其测量方法》（GB 12525—1990）及其修改方案（2008）和《声环境质量标准》（GB 3096—2008），找出标准值，并将监测结果与标准值进行对照，判断该高铁沿线声环境质量是否达标。

（3）撰写监测报告，其内容应至少包括测量仪器、监测环境条件、车流密度、背景噪声声级、1h 等效声级、10s 等效声级、L_{ep}、L_{max} 以及达标情况等。

七、思考题

（1）什么是等效声级？在噪声测量中有何作用？
（2）简述声级计的基本组成、结构、基本性能以及使用步骤。

八、总结

要求每位参与人员总结心得体会，并提出改进建议。所有资料和文件装订成册并归档，作为教学资料供参考。

实验7　突发性环境污染事件应急监测计划制定

突发性环境污染事件由于其不可预见性，发生的形式多样、危害性严重，处置处理的难度比一般性环境污染大，严重影响了人民生活、社会稳定和经济发展，对当地生态环境、人类健康都造成了一定影响和危害。据统计，全国每年发生的环境污染事故带来的直接经济损失呈逐年上升趋势，大多数重大环境污染事故来自突发性环境污染事件。基于此，对突发性环境污染事件制定应急监测计划十分重要。

一、实验目的和要求

（1）了解突发性环境污染事件应急监测启动及工作原则。
（2）掌握应急监测方案的制定及应急报告的撰写。

二、应急监测启动及工作原则

（1）及时性。接到应急响应指令时，应做好相应记录并立即启动应急监测预案，开展应急监测工作。

（2）可行性。突发环境事件发生后，应急监测队伍应立即按照相关预案，在确保安全的前提下，开展应急监测工作。突发环境事件应急监测预案内容包括但不限于总则、组织体系、应急程序、保障措施、附则、附件等部分，具体内容由生态环境监测机构根据自身组织管理方式细化。

（3）代表性。开展应急监测工作，应尽可能采用具有足够的时空代表性的监测结果，尽快为突发环境事件应急决策提供可靠依据。在污染态势初步判别阶段，应以第一时间确定污染物种类、监测项目、大致污染范围及程度为工作原则；在跟踪监测阶段，应以快速获取污染物浓度及其动态变化信息为工作原则。

三、应急监测计划制定

（一）现场调查

迅速通过各种渠道搜集突发环境事件相关信息，初步了解污染物种类、污染状况及可能的污染范围及程度。现场调查可包括如下内容：事件发生的时间和地点，必要的水文气象及地质等参数，可能存在的污染物名称及排放量，污染物影响范围，周围是否有敏感点，可能受影响的环境要素及其功能区划等；污染物特性的简要说明；其他相关信息（如盛放有毒有害污染物的容器、标签等信息）。

（二）污染物和监测项目的确定

（1）污染物和监测项目的确定原则。优先选择特征污染物和主要污染因子作为监测项目，根据污染事件的性质和环境污染状况确定在环境中积累较多、对环境危害较大、影响范围广、毒性较强的污染物，或者为污染事件对环境造成严重不良影响的特定项目，并根据污染物性质及污染趋势，按可行性原则（尽量有监测方法、评价标准或要求）进行确定。

（2）已知污染物监测项目的确定。根据已知污染物及其可能存在的伴生物质，以及可能在环境中反应生成的衍生污染物或次生污染物等确定主要监测项目。

（3）未知监测项目确定。根据现场调查结果，结合突发环境事件现场的一些特征及感官判断，如气味、颜色、挥发性、遇水的反应特性、人员或动植物的中毒反应症状及对周围生态环境的影响，初步判定特征污染物和监测项目；通过现场采样分析，包括采集有代表性的污染源样品，利用检测试纸、快速检测管、便携式监测仪器、流动式监测平台等现场快速监测手段，初步判定特征污染物和监测项目；可现场采集样品（包括有代表性的污染源样品）送实验室分析，确定特征污染物和监测项目。

（三）应急监测方案

根据污染态势初步判别结果，编制应急监测方案。应急监测方案应包括但不限于突发环境事件概况、监测布点及距事发地距离、监测断面（点位）经纬度及示意图、监测频次、监测项目、监测方法、评价标准或要求、质量保证和质量控制、数据报送要求、人员分工及联系方式、安全防护等方面内容。

应急监测方案应根据相关法律、法规、规章、标准及规范性文件等要求进行编写，并在突发环境事件应急监测过程中及时更新调整。

（四）跟踪监测

根据制定的突发环境事件应急监测方案，完成样品采集（采样准备及记录、采样方法及采样量确定、样品保存、样品运输和交接）和样品监测（现场检测和实验室分析）等过程。

（五）应急监测报告撰写

突发环境事件应急监测报告按当地突发环境事件应急监测预案或应急监测方案要求的形式进行报送。应急监测报告的结论信息应真实、准确、及时，快速报送。突发环境事件应急监测报告内容为应急监测工作的开展情况和计划，分析监测数据和相关信息，判断特征污染物种类、污染团分布情况和迁移扩散趋势等，为环境应急事态研判和应对提出科学合理的参考建议。

四、注意事项

（1）属地管理与区域部门联动相结合。环境污染事件往往具有特殊性和影响性，特别是水污染事件，还具有流域性和跨区域性，涉及面广，只依靠某个部门进行处理很难调动各方面的力量，对污染控制不利，因此往往需要多个部门的配合与联动，在必要的时候联合处理处置污染事故，为政府行政做出重大决策提供依据。

（2）加强环境应急演练，完善应急预案，提高环境污染事件的处置效率。随着社会经济和城市建设的快速发展，突发性环境污染事件时有发生，严重威胁环境安全，有必要开展应急演练，提高防范和处置突发环境事件的技能，增强实战能力。通过演练检验应急反应机制、应急技术水平和应急指挥处理能力，并不断总结提高。通过演练检验预案的可行性，暴露预案和程序的缺陷，发现应急资源的不足，并根据演练取得的经验成果和存在问题及时修订应急预案。应急预案也应在应急处置中不断地修改、完善和丰富。

参考文献

[1] 梁英，吴德生，苟小静. 甲醇燃料汽车尾气非常规成分采样装置的设计及成分分析 [J]．四川大学学报，2005，37（3）：52-55.

[2] 王瑜婷. 武汉市大气细颗粒物化学组成及源解析研究 [D]. 武汉：湖北工业大学，2020.

[3] 蒋林. 高铁沿线声环境监测与评价 [J]．铁路节能环保与安全卫生，2017，7（6）：298-300.

[4] 奚旦立. 环境监测 [M]．5版. 北京：高等教育出版社，2019.

[5] 奚旦立. 环境监测实验 [M]．北京：高等教育出版社，2011.

[6] 铁路边界噪声限值及其测量方法：GB 12525—1990 [S]．1991.

[7] 铁路环境测量　环境噪声测量：TB/T 3050—2022 [S]．2022.

[8] 孙大明. 层次分析法在水环境质量评价中的应用 [J]．东北水利水电，2017，35(02): 33-34.

[9] 仲婧，李静. 层次分析法在校园水环境质量评价中的应用 [J]．泰山医学院学报，2006，3: 208-210.

[10] 洪钰婷，王尉铭，谢童，等.校园人工湖水质监测及富营养化状况评价 [J]．科技风，2020，30:2.

[11] 闫冬晴，吴月，王景倩，等. 校园湖水质质量评价——以齐鲁理工学院湖水为例 [J]．山东化工，2021，50:240-244.

[12] 地表水环境质量标准：GB 3838—2002 [S]．2002.

[13] 水质　采样方案设计技术规定：HJ 495—2009 [S]．2009.

[14] 水质　湖泊和水库采样技术指导：GB/T 14581—1993 [S]．1994.

[15] 褚继菊，蒋亚军. 水环境监测中的六价铬检测方法研究 [J]．地下水，2022，44(04): 95-96.

[16] 刘维屏. 农药环境化学 [M]．北京：化学工业出版社，2006.

[17] 王爽，杨益众. 土壤中农药残留分析方法概述 [J]．安徽农学通报，2007，13(21).

[18] 李顺鹏，蒋建东. 农药污染土壤的微生物修复研究进展 [J]．土壤，2004，36(6):577-583.

[19] Schwarzenbach R P, Gschwend P M, Imboden D M. Enviromental Organic Chemistry [M]．2nd ed. New York:John Wiley & Sons，2003.

[20] 戴树桂. 环境化学 [M]．北京：高等教育出版社，1997.

[21] 安雨丽，李顺晋，张育文，等. 有机肥施用年限对菜地重金属累积迁移的影响 [J]．西南大学学报(自然科学版)，2022，44(09): 41-51.

[22] 闫梦. 污灌区重金属铜铬在土壤-植物系统中的迁移积累规律 [D]．晋中：山西农业大学，2020.

[23] 孙韵. 尾矿渣中重金属在土壤-植物中的迁移规律研究 [D]．西安：长安大学，2014.

[24] 杨居荣，车宇瑚，刘坚. 重金属在土壤-植物系统的迁移、累积特征及其与土壤环境条件的关系 [J]．生态学报，1985(04):306-314.

[25] 史芳. 土壤重金属监测过程与质量控制分析 [J]．化工设计通讯，2021，47(02): 61-62.

[26] 张丽军. 突发性环境污染事件应急监测研究 [J]．资源节约与环保，2017(09):41-42.

[27] 金鑫. 浅谈突发性环境污染事件中的环境应急监测工作 [J]．资源节约与环保，2016(11):139.

[28] 突发环境事件应急监测技术规范：HJ 589—2021 [S]．2022.